KB017345

초등 공부의 본질

문해력

조등 공부의 본질

문해력

읽기, 쓰기,
말하기,
미디어 문해력이
아이의 평생을
좌우한다

김지원 지음

서사원

프롤로그

초등 문해력, 모든 공부의 기본입니다

"문해력이 무슨 뜻이죠?"

"문해력이 중요한가요?"

"문해력을 키우는 방법이 있나요?"

최근 문해력에 관한 관심이 높아지면서 이런 질문을 많이 받았습니다. 그럴 때마다 문해력을 단순히 읽고 쓰는 능력이라고 생각하고 답변을 드렸습니다. 하지만 디지털 문해력, 수리 문해력, 과학 문해력 등 사회의 변화에 따라 문해력의 뜻도 확장된다는 점에서 문해력이 무엇인지 정확하게 짚고 가야겠다고 마음 먹었습니다.

그래서 처음으로 돌아갔습니다. 먼저 저 스스로 충분히 인정하고 납득할 수 있는 문해력의 정의부터 살펴보기로 했습니다. 많은 시간을 들여 전문가들이 말하는 문해력의 뜻을 살펴보았고 초등학교에 적용될 수 있는 문해력의 뜻이 어디까지인지 알아보았습니다.

> 문해력은 글을 읽고 쓰고 이해하는 능력뿐만 아니라 이를 토대로 대화하고 소통하는 능력, 당면한 문제를 해결하는 능력까지 포함한다.

제가 찾은 문해력의 뜻입니다. 이를 기준으로 초등학교에서 반드시 익혀야 할 문해력은 무엇일지 고민해 보았습니다. 그 결과 네 가지 문해력이 필요하다는 결론에 도달했습니다. 가장 고전적인 읽기와 쓰기 문해력, 소통에 필요한 말하기 문해력, 마지막으로 요즘 아이들에게 가장 문제가 되지만 아무도 제대로 가르쳐 주지 않는 미디어 문해력입니다. 이 네 가지를 묶어 '초등 핵심 문해력'으로 정의하였습니다.

이 책에서는 네 영역의 문해력을 다시 초등 1, 2학년 / 3, 4학년 / 5, 6학년의 학년군으로 나누어 제시하였습니다. 이렇게 나눈 이유는 문해력 성장의 단계가 아동의 언어 발달, 사회성 발달, 뇌 발달에 영향을 받기 때문입니다. 하지만 모든 발달에는 개인차가 있습니다. 아이에 따라 어떤 단계는 넘어서기도 하고, 어떤 단계는 중첩되기도 합니다. 아이의 관심 영역과 개인차에 따라 적용되는 영역이 다를 수도 있습니다.

예를 들어 미디어 사용 규칙 만들기는 초등 저학년에 제시했지만 고학년 아이들에게도 유용합니다. 창작 글쓰기는 초등 3, 4학년에 제시했지만 어떤 아이는 아홉 살에 스스로 이야기를 만드는 데 흠뻑 빠지기도 하고, 초등학교를 졸업할 때쯤 판타지 동화 쓰기에 몰입하는 경우도 있습니다. 그러니 이 책에서 제시한 각 단계는 절대적인 기준이 아니라 아이의 관심사, 태도, 흥미에 따라 개인차가 있을 수 있습니다.

중요한 것은 초등 핵심 문해력을 이해하는 것에서 그치지 않고 한 가지라도 내 아이에게 적용해 보는 실천력입니다. '독서 교육'을 예로 들어 보겠습니다. 독서가 중요하다고들 말합니다. 하지만 이러한 관심에 비례하여 아이들의 독서 능력이 좋아지지는 않았습니다. 이는 머릿속으로는 중요하다는 것을 알지만 행동하지 않았기 때문입니다. 모든 것을 다 실천할 필요는 없습니다. 내 아이에게 가장 잘 맞는 것 한 가지라도 실천할 수 있으면 다음 단계로 올라갈 수 있습니다.

실천하기 위해서는 우선 이 책에서 말하는 내용을 이해하며 우리 아이에게 가장 필요한 핵심 문해력이 무엇인지 살펴보아야 합니다. 그다음 아이의 상황과 특성에 맞게 변용해야 합니다. 책 읽어 주기 활동은 이 책에서 강조하는 읽기 문해력 향상 방법 중 하나입니다. 왜 책 읽어 주기가 좋은지 교육 현장에서의 경험도 제시했습니다. 책 읽어 주기가 좋은 방법이라고 생각된다면 우리 아이에게 오늘 한 줄이라도 읽어 주세요. 실천을 동반한 지식만이 진정한 변화를 가져올 수 있습니다.

초등 핵심 문해력은 모든 공부의 기본입니다. 앞으로 사회는 더욱 복잡해지고 다양하게 변화할 것입니다. 이 변화 속에서 문제는 늘 발생할 것이며 아이들은 그 문제를 자신이 알고 있는 지식과 경험 안에서 해결해야 할 것입니다. 새로운 문제는 새로운 해결법을 요구합니다. 따라서 늘 학습하는 자세가 필요합니다. 늘 배워야 하는 세상을 살아가는 아이들이 현명하고 슬기롭게 헤쳐 나가려면 기본적인 학습 도구인 문해력이 반드시 필요합니다. 아이들이 핵심 문해력을 놓치지 않고 습득하는 데 이 책이 바른 길잡이 역할을 하기를 희망합니다.

책 꿈 선생
김지원

차례

(1장)

초등학생이 꼭 갖춰야 할 핵심 문해력 네 가지

(2장)

초등 핵심 문해력의 시작 : 1, 2학년

(3장)

초등 핵심 문해력의 성장 : 3, 4학년

(4장)

초등 핵심 문해력의 완성 : 5, 6학년

(5장)

초등 핵심 문해력 완성 후 생각해 볼 것들

(1장)

초등학생이 꼭 갖춰야 할 핵심 문해력 네 가지

1

핵심 문해력 1

'읽기'는 평생 공부의 디딤돌이다

공부가 힘든 아이

6학년 민석이는 수업에 거의 집중하지 못했습니다. 수업 시간에 연필을 돌리거나 지우개를 굴리며 딴짓을 자주 했습니다. 그러다 보니 민석이의 학습력은 많이 떨어져 있었습니다. 어머니는 민석이에게 4학년 때부터 수학 과외를 시키고 영어 학원을 보냈지만 소용없었다며 하소연했습니다. 가장 안타까웠던 것은 민석이가 수업 시간에 계속 시계를 보며 어서 수업이 끝나기를 바라는 모습이었습니다. 공부 시간이 괴로우니 빨리 지나가기만을 기다리는 거죠.

민석이는 왜 이렇게 공부를 싫어했을까요? 누적된 학습 부진으로 인한 학습 무기력, 공부에 대한 자기 효능감 저하, 게임 중독 등 원인은 다양했습니다. 그중 제가 주목한 것은 민석이의 읽기 능력이었습니다. 민석이는 또래 아이들보다 읽기 능력이 매우 떨어졌습니다. 소리 내어 읽기를 시키면 자기도 모르게 글자를 빠뜨리거나 틀리게 읽는 오독이 많았습니다. 또 어휘가 부족하여 아주 기초적인 낱말의 뜻도 몰랐습니다. 하루는 민석이에게 독서량을 물어봤습니다.

"일주일 동안 책을 얼마나 읽니?"

그 물음에 민석이는 고개를 갸웃거리며 이렇게 대답했습니다.

"선생님! 일주일이요? 전 아예 안 읽는데요. 어릴 때 그림책만 아주 조금 봤어요."

그날 이후 저는 민석이가 편하게 읽을 수 있는 책을 같이 찾아보기로 했습니다. 민석이가 읽을 수 있는 책은 3~4학년 수준의 책이었습니다.

저는 민석이의 사례를 통해 읽기 능력이 아이들의 전반적인 학교생활과 학습에 어떤 영향을 미치는지 생각해 보았습니다. 고학년이 되면 교과 공부 시간도 늘어나고 학습에 대한 부담감도 커집니다. 교과서에서 배우는 어휘도 어려워집니다. 과학에서는 추리, 분류, 해석, 설계 등의 어휘가, 사회에서는 교류, 면적, 침해 등의 낯선 어휘가 등장합니다. 어휘력 부족은 곧 낮은 읽기 이해력으로 이어집니다. 그러니 공부가 더 어려워지고 하기 싫어집니다. 공부가 힘든 아이들은 일주일 동안 학교 수업 시간을 끙끙대며 견뎌 냅니다. 민석이처럼 남에게 피해를 주지 않겠다고 생각하는 아이들은 자기 자신에게 피해를 주는 방법으로 말입니다.

글을 잘 읽는 것은 공부를 시작하는 첫걸음이 되고 그 걸음은 다음 걸음을 향해 나아가는 원동력이 됩니다. 아이든 어른이든 어려운 것은 피하고 싶어 합니다. 그렇게 자꾸 피하다 보니 어쩔 수 없는 벽에 부딪혀 좌절하게 되는 것입니다.

부모가 아이의 공부에서 가장 신경 써야 할 부분은 공부를 쉽게 할 수 있도록 만드는 것입니다. 읽기 능력을 키우는 것도 공부를 쉽게 하는 방법 중 하나입니다.

읽기는 모든 학습의 기본입니다. 아이의 읽기 능력이 부족하면 어른이 될 때까지 정규 교육 기간을 포함하여 많은 시간을 허비하게 되고 그 시간을 단지 견디는 시간으로 보내게 될 수 있습니다. 아이가 공부하는 것이 어렵다고 말한다면 현재 우리 아이의 읽기 능력부터 살펴봐야 합니다.

능숙하게 잘 읽는 아이

4학년 가영이는 아침 독서 시간에 어린이용 고전 문학을 열심히 읽는 아이였습니다. 매주 금요일 학습 만화를 읽을 수 있는 날에도 가영이는 혼자서 고전 문학을 읽고 있어 더욱 기억에 남았습니다. 《80일간의 세계일주》, 《이상한 나라의 앨리스》, 《플랜더스의 개》 등 두껍고 '글 밥'도 많은 책을 조용히 집중해서 읽는 모습이 기특했습니다. 한번은 가영이에게 왜 고전 문학만 읽는지 물어보았습니다. '부모님이 시켜서 읽는 게 아닐까?'라고 짐작했는데 의외의 대답이 나왔습니다.

"너무 재미있어요!"

제법 두껍고 어려운 책도 척척 읽어 낼 줄 알고, 책을 읽고 자신의 생각을 잘 표현하는 가영이 같은 아이를 독서 교육에서는 '능숙한 독자'라고 부릅니다. 부모라면 자녀를 능숙한 독자로 기르고 싶을 것입니다. 이는 독서 교육의 목표이기도 해요.

능숙한 독자의 특징을 몇 가지 이야기하자면 첫째, 자신이 잘 읽고 있는지를 생각하면서 글을 읽습니다. 둘째, 글을 읽을 때 어떤 전략을 선택해야 하는지 알며 그 전략을 활용할 줄 압니다. 셋째, 읽기 중 질문을 할 줄 압니다. 한마디로 말하자면 능숙한 독자는 요약하기, 추론하기, 질문하기 등의 다양한 읽기 전략을 잘 활용합니다. 이 단계에 오기까지 촘촘한 독서 교육이 있어야 합니다. 그저 책을 많이 읽는다고 능숙한 독자가 되는 것은 아닙니다. 책을 제대로 읽을 줄 알아야 합니다. 이를 위해 초등 6년 동안 학년 단계에 맞는 독서 교육이 필요합니다.

읽기는 짧은 시간 안에 끝나는 단거리 경주가 아닌, 출발점에서부터 완급을 조절하고 구간별로 의미 있는 연습이 필요한 마라톤과 비슷합니다. 구간마다 과학적이고 체계적인 지도와 연습이 필요하듯 독서도 단계별로 밟아 세밀하게 배워야 합니다. 단계를 훌쩍 넘어서 다음 단계로 바로 갈 수는 없습니다. 책을 잘 읽는 아이는 읽기의 각 발달 단계를 잘 밟아 차곡차곡 앞으로 나아가는 아이입니다.

끊임없이 배워야 하는 시대

읽기는 초등학교에서만 끝나는 것이 아닙니다. 다음 공부를 위한 디딤돌 역할을 합니다. 초등에서 읽기의 기초, 기본기를 다듬어 두면 중, 고등에서는 그 기본기가 필살기가 되어 제대로 공부 실력을 발휘할 수 있습니다. 그뿐만이 아닙니다. 읽는 행위는 평생 재사회화와 재학습의 기회를 제공하기도 합니다.

《초예측》(유발 하라리 외, 정현옥 옮김, 웅진지식하우스, 2019)은 세계 석학 8인과의 대화를 엮은 책입니다. 이 책에서 가장 인상적인 부분은 런던경영대학원 교수인 린다 그래튼과의 대화였습니다. 뛰어난 경영 사상가인 그래튼의 이야기를 초등생들의 읽기와 연관하여 생각해 보았습니다.

그래튼은 100세 장수 시대를 맞이하여 지금의 아이들이 우리와는 다른, 세분화된 삶의 단계를 살 거라고 말합니다. 어른인 우리가 교육-직업-은퇴의 3단계 삶을 살았던 것과 완전히 다르게 말입니다. 그리고 단계마다 새로운 직업을 위해 재창조해야 하는 시간, 즉 스스로 학습하는 시간을 활용해야 한다고 말합니다. 그것이 100세 장수가 재앙이 아닌 축복이 되는 길이라고 말입니다.

"지금까지 삶에서는 교육-일-은퇴라는 3단계만 존재했습니다. 그리고 누구나 이 3단계를 거쳤기에 단계별 변화를 의식할 필요조차 없었습니다. 그러나 다단계의 삶에서는 변화의 방향과 정도, 시기를 스스로 조절해 결정해야 합니다. 그때마다 나는 무엇이 되고 싶은가에 대해 고민하고 선택해야겠죠."

-《초예측》 중에서

린다 그래튼, 토머스 프레이 등 미래학자들은 앞으로는 한 사람이 평생 직업을 갖고 생활했던 과거와는 확연히 다른 사회가 될 것이라 말합니다. 자라나는 우리 아이들은 앞으로 여러 가지 일을 하기 위해 자주 배우고 익혀야 하는 위치에 놓여 있습니다. 끊임없이 배워야 하는 시대가 다가온 것입니다. 평생 학습은 미래 사회를 살아가는 데 매우 중요한 역할을 할 것이며 여기에 읽기는 다음 학습으로 이어지는 중요한 가교 역할을 할 것입니다.

우리가 어릴 때부터 잘 읽는 사람, 즉 능숙한 독자로 키우는 목적이 여기에 있습니다. 능숙한 독자는 새로운 것을 배울 때 가장 유리한 위치를 선점할 수 있습니다. 급변하는 사회에서 지식의 반감기는 계속 줄어들 것이고, 이에 적응하고 새로운 지식을 흡수, 활용, 창조하는 데에 읽기는 가장 기본적인 삶의 기술이 될 것입니다.

2

핵심 문해력 2

'쓰기'는 아이의 모습을 비추는 거울이다

우리 아이의 쓰기 유형은 무엇일까요?

"뭘 써야 할지 모르겠어요."

"아, 쓰는 건 정말 싫어!"

"이렇게 쓰면 돼요?"

아이들에게 글을 쓰자고 하면 대부분 이런 반응을 보입니다. 읽기보다 쓰기에 저항감이 더 큰 편이며 쓰기를 어려워합니다.

교사 입장에서도 아이마다 쓰기에 대한 흥미, 태도, 수준이 다양해서 어떻게 접근해야 할지 난감할 때가 있습니다. 그래서 아이들 지도를 위해 저 나름의 쓰기 유형 구분법을 활용합니다.

· 잘 쓰고 쓰기의 흥미도도 높은 아이

· 잘 쓰지만 쓰기의 흥미도는 낮은 아이

· 쓰기는 부족하지만 흥미도는 높은 아이

· 쓰기도 부족하고 흥미도도 낮은 아이

가장 큰 문제는 쓰기를 어려워하면서 흥미까지 잃은 아이입니다. 이런 경우에는 빨리 원인을 찾아서 쓰기에 대한 거부감을 없애 주어야 합니다. 한 줄이라도 부담 없이 쓰게 하는 것이 급선무입니다.

그럼 가장 보이지 않는 문제를 가진 아이는 누구일까요? 잘 쓰지만 흥미도는 낮은 아이입니다. 실제로 이 유형의 아이를 만나보면 정석대로 쓰기를 잘합니다. 이 아이들이 쓴 글을 보면 문단도 잘 나누어져 있고 맞춤법도 정확하지만 그 이상을 보여 주지는 못합니다. 살아 있는 글이 아니라 박제된 글이 나오는 거죠. 이런 아이와 이야기를 나눠 보면 어릴 때부터 매일 일기 쓰기, 책 읽고 독서록 쓰기 등을 강요받은 경험이 있습니다. 강요된 글쓰기의 가장 큰 부작용입니다.

학교에서 쓰기 지도를 해 보면 지금 당장은 못 쓰지만 쓰기에 흥미를 갖고 적는 아이들이 가장 빨리, 많이 발전합니다. 읽기와 쓰기에서 '흥미'라는 내적 동기는 정말 강력한 무기입니다. 그래서 저는 초등 6년 동안 반드시 살펴야 할 요소로 '쓰기에 대한 흥미'를 꼽고 있습니다. 가정에서도 아이에게 꾸준히 써서 결과물을 많이 내라고 하기보다 쓰기에 흥미를 갖고 쓰고자 하는 내적 동력을 키워 줘야 합니다.

무엇이 우리 아이의 글쓰기를 방해할까요?

성인도 글쓰기를 어려워합니다. 성인을 겨냥한 다수의 글쓰기 책이 나오는 것을 보면 알 수 있습니다. 언어 발달 단계가 듣기→말하기→읽기→쓰기 순으로 이어지는 것도 쓰기가 쉽지 않다는 것을 보여 줍니다. 하지만 정말 아이들이 어려워서 못 쓰는 걸까요? 무엇이 우리 아이의 글쓰기를 방해하는 것일까요? 그 원인을 생각해 보고 그에 맞는 처방을 내려야 쓰기에 대한 부담감을 덜어 줄 수 있습니다. 학교에서 아이들을 지도하면서 알게 된 쓰기의 어려움에 대해 이야기해 보겠습니다.

① 글 쓰는 방법을 몰라요

"책 읽고 독서록을 한 편 써 오세요!"

아이들에게 이런 숙제를 내주면 대부분은 대충 줄거리를 쓰고 "참 재미있었습니다."라고 급하게 마무리를 합니다. 그래서 어떤 선생님은 '재미있게 읽었다'라는 말은 절대 쓰지 말라고 합니다. 그럼 아이들은 다음에 또 이런 책을 읽고 싶다든지, 이 책을 친구에게 권해 주고 싶다는 말로 바꿔서 제출합니다.

그럼 독서록 쓰는 법을 알려 주고, 쓰기 연습을 충분히 한 뒤에 쓰면 어떻게 될까요? 초등 3학년 2학기 국어에는 '독서 감상문 쓰는 법'이 나옵니다. 책을 읽게 된 계기, 책 내용, 책에서 인상 깊은 내용, 책을 읽고 난 뒤의 생각이나 느낌을 쓰게 합니다. 아이들에게 이를 지도한 후 독서 감상문 쓰기 활동을 하면 서너 줄을 겨우 썼던 아이들이 제대로 꼴을 갖춘 글을 써 내기 시작합니다.

《나의 책 읽기 수업》(나무연필, 2019)의 저자 송승훈은 고등학교 국어 선생님입니다. 선생님은 고 1 학생들과 A4 용지 5장 분량의 서평 쓰기를 합니다. 5장이라니! 대한민국 고등학생에게 가능한 이야기인지 저도 의심스러웠습니다. 그런데 선생님만의 방법을 쓰자, 아이들은 5장 서평 쓰기를 해냈습니다. 방법을 몰라서 못 할 뿐 아이들의 능력이 부족해서 못 하는 게 아니라는 것을 증명한 셈입니다. 핵심은 아이들에게 글 쓰는 방법을 알려 주는 것입니다.

글쓰기에도 여러 갈래가 있습니다. 일기 쓰기, 경험한 글 쓰기, 설명문 쓰기, 독서 감상문 쓰기, 논설문 쓰기 등의 갈래 중 우리 아이가 부족한 글 쓰기 갈래를 살펴보고 쓰는 방법을 알려 주는 것이 우선입니다.

② 무엇을 써야 할지 몰라요

쓰기에 관한 연구를 살펴보면 대다수 아이들이 글쓰기를 어려워하는 이유 중 하나는 '뭘 써야 할지 몰라서'였다고 합니다. 스스로 글감을 찾아 쓰라고 하면 아이들 머릿속에서는 이런 질문이 떠올라 쓰기를 방해합니다.

'이렇게 시시한 것도 글이 될까?'
'생각나는 게 별로 없는데!'

첫째, "이렇게 시시한 것도 글이 돼요?"라는 질문은 아이들이 실제로 참 많이 합니다. 예를 들어 자신이 겪은 일을 적어 보라는 과제를 내면 아이들은 계속 이런 질문을 합니다.

"선생님, 동생이랑 놀았던 일 적어도 돼요?"

"맛있는 점심을 먹은 것도 돼요?"

"아빠랑 자전거 탄 일은요?"

엄청 대단한 일만 글감이 된다고 생각하기 때문에 벌어지는 일입니다. 그러니 반복적인 일상을 사는 아이들은 대단한 글감을 못 찾아 힘들어합니다. 아이에게 학교 가는 길에 벚꽃 잎이 떨어진 일, 준비물을 안 가지고 왔는데 친구가 빌려준 일, 체육 시간에 줄넘기를 못해서 조금 부끄러웠던 일 같은 소소한 일상도 글감이 된다는 것을 알려 주세요.

둘째, 별로 생각나는 게 없다는 것도 글쓰기를 주저하게 만듭니다. 글감 찾기를 힘들어하는 아이들을 위해 글감 목록을 주어야 합니다. 학교에서 아이들에게 "5줄 이상 글을 써 보자."라고 이야기하면 아이들은 반복적인 어구를 써 가면서 겨우 채웁니다. 반면 아이들에게 '내가 가지고 싶은 초능력에 대해 쓰고, 이유를 적어 보자' '짝을 바꾸는 방법을 적어 보자' '내가 선생님이라면 어떤 수업을 해 보고 싶은지 적어 보자'라는 글쓰기 주제를 제시하면 열심히 씁니다. 아이들이 좋아할 만한 글감 목록은 글을 쓰게 하는 좋은 자극제가 됩니다.

쓰기를 힘들어하는 아이가 있다면 어떤 점을 어려워하는지 살펴보고 발돋움할 수 있게 글감을 제공해 주세요. 그리고 대단한 사건이 아닌 소소한 일상도 글감이 될 수 있다는 것을 알려 주세요.

③ 쓰기가 익숙하지 않아요

익숙하지 않으면 하기가 싫어집니다. 운전을 생각해 보세요. 익숙하지 않으면 겁도 나고 하기 싫죠. 어른도 익숙하지 않은 일은 안 하고 싶어집니다. 자신감이 떨어지니까요. 글쓰기도 마찬가지입니다. 오랜만에 글을 쓰면 당연히 어렵고 쓰기 싫어집니다. 반면 자신이 능숙하게 잘하는 일을 생각해 보세요. 별것 아니라고 생각하는 일은 뜸을 들이거나 회피하지 않습니다.

글쓰기도 내게 능숙하게 만드는 것이 관건입니다. 글쓰기가 부담 없이 느껴지게 하는 거죠. 예전에 많이 했던, 매일 일기 쓰기나 독서록 쓰기는 강제성이라는 측면에서는 쓰기의 흥미를 떨어뜨리지만 글쓰기 근육을 만드는 데에는 확실히 효과가 있습니다. 양날의 검처럼 말이죠. 그러니 어떻게 하면 쓰기에 흥미를 유지하면서 글쓰기 근육을 붙게 할 수 있는지 고민해야 합니다.

가정에서 할 수 있는 글쓰기

· 특별한 날에 서로 편지 주고받기

· 아이와 함께 간단한 교환 글 쓰기

· 장보기 목록 함께 작성하기

· 주말에 할 일 목록 같이 작성하기

· 좋아하는 음식의 요리 순서 적기

· 가족끼리 영화 보고 한 줄 감상 평 나누기

학교에서든 가정에서든 아이들에게 자주 글 쓸 기회를 주는 것, 핵심 문해력 중 하나인 쓰기 문해력을 향상시키는 길입니다.

쓰기를 통해 알 수 있는 것들

초등학교 교사로서 아이들의 글을 많이 접하게 됩니다. 아이의 글에는 그 아이의 삶, 고민, 생각, 성격이 그대로 드러나 있습니다. 아이들의 글에서 무엇을 느낄 수 있는지 알아보겠습니다.

① 쓰기를 통해 아이의 성품을 알 수 있습니다

4학년 아이들과 함께 그림책 창작 교실 프로젝트를 해 보았습니다. 자신들이 말하고 싶은 주제를 정해 그림책을 창작하는 개인 프로젝트였습니다. 프로젝트에 참여한 아이들은 상기된 표정으로 무척 열심히 쓰고 그렸습니다. 교사와 아이 모두 만족할 만한 결과물도 얻었습니다. 그중 눈에 띄게 좋았던 한 아이의 그림책이 있었는데, 꽃을 좋아하는 할머니와 손녀의 사랑을 담은 이야기였습니다. 그림책의 내용은 '할머니의 죽음'이었는데 4학년 아이가 '죽음'을 어떻게 표현할까 궁금했습니다.

할머니는 아주 멀리 날아가는 꽃잎이 되었습니다.

아이는 할머니의 죽음을 '할머니가 돌아가셨습니다'라고 직접적으로 표현하지 않고 '멀리 날아가는 꽃잎'에 비유하였습니다. 이 문장을 보고 저는 감탄했습니다. '아, 어떻게 이런 표현을 할 수 있을까?' 놀라웠습니다.

이 그림책을 쓴 아이는 평소에 친구를 배려하고 생각이 깊은, 인성이 훌륭한 아이였습니다. 모두가 모둠원이 되길 원하는 아이, 모두에게 편견이나 차별이 없는 학생이었습니다. 그 아이의 작품 속에 그 아이의 학교생활 모습이 담겨 있다는 인상을 받았습니다.

글은 아이를 보여 주는 거울입니다. 아이가 살아가는 삶이 고스란히 투영되는 거울, 아이의 평소 생각이나 습관, 말투를 드러내는 거울입니다.

② 쓰기를 통해 아이의 사고 수준을 알 수 있습니다

창의력, 비판력이 중요하다고 말하는데 우리 아이의 창의력과 비판적 사고 수준을 어떻게 알 수 있을까요? 수학 성적이 좋으면 사고 수준이 높다고 말할 수 있을까요? 유명 학원의 입학 테스트에 합격하면, 교육청에서 관리하는 영재원에 들어가면 알 수 있을까요? 아이의 사고 수준을 가장 손쉽게 아는 방법이 있습니다. 바로 아이의 글을 살펴보는 것입니다.

학교에서 아이들의 배움 노트를 살펴보면 배운 내용을 잘 요약해서 오는 아이와 그러지 않는 아이가 있습니다. 핵심 내용이 무엇인지 모르는 아이들은 교과서 내용 그대로 베껴서 검사받으러 옵니다. 같은 학년인데도 아이들의 요약 실력은 차이가 납니다. 학년이 올라가면 그 차이가 더 벌어집니다. 자신의 생각이나 의견이 담긴 주장하는 글을 쓸 때 주장을 뒷받침하는 근거를 적지 못해 힘들어하는 아이들도 많습니다. 반면 탄탄한 논거를 바탕으로 논리적인 글을 통해 자신의 생각을 설득력 있게 제시하는 아이도 있습니다.

놀라운 것은, 아이의 글을 통해 사고 수준을 파악할 수 있지만 이 사고 수준을 높이는 방법도 글이라는 점입니다. 아이의 사고 수준을 향상시키기 위해서는 꾸준히 글을 써야 합니다. 세계적인 명강사이자 베스트셀러 작가인 조던 피터슨은 자신의 강의를 찍은 영상에서 글쓰기의 중요성을 지적했습니다. 그의 말에 의하면 비판적 사고는 오로지 글쓰기를 통해 만들어진다고 합니다. 결국 쓰기를 통해 아이의 수준을 파악하고 동시에 그 해결점도 찾을 수 있습니다.

③ 쓰기를 통해 아이의 현재 마음 상태를 알 수 있습니다

자기 경험을 담은 아이들의 생생한 동시를 읽다 보면 동심을 엿볼 수 있습니다. 진솔하게 마음을 담아 쓴 글이라 미소를 짓게 됩니다. 학교에서도 자신의 생각과 느낌을 꾸미지 않고 담은 동시를 쓰자고 하면 아이들은 게임하다 엄마에게 혼난 이야기, 학원 숙제가 많아 힘들었던 이야기, 동생과 싸운 이야기 등을 풀어냅니다.

동시 짓는 시간은 글을 통해 자신의 마음을 보는 시간입니다. 언제 우리가 나의 마음을 들여다볼 수 있을까요? 아이도 힘든 부분이 있습니다. 어른만 힘들지 않잖아요. 아이들은 어떤 방법으로 힘든 상황과 그로 인한 스트레스를 풀어야 할까요?

'슬기롭게 화내는 법'이라는 주제로 아이들과 이야기를 나눈 적이 있습니다. 먼저 화가 나는 경우를 생각해 보고 이때 어떻게 하면 좋을지 친구들과 함께 이야기를 나누도록 했습니다. 그다음 이야기 나눈 내용 중 마음에 드는 부분을 적고 발표하게 했습니다. 아이들은 자신이 적은 내용에 흡족해하며 다음에 화가 났을 때 이렇게 해 보겠다고 다짐했습니다. 글을 통해 현명하게 문제를 해결하는 방법을 배운 것입니다.

글은 마음을 치유하는 의사입니다. 자신의 마음을 들여다보고 글로 풀 줄 아는 아이는 건강하게 잘 성장할 수 있습니다. 캐슬린 애덤스의 《저널 치료》(강은주, 이봉희 옮김, 학지사, 2006)에서는 일기 쓰기를 "이천 원짜리 치료사"라고 말합니다. 일기장 한 권 가격으로 답답하고 서운하고 힘들었던 마음을 내려놓을 수 있기 때문입니다. 아이들이 글쓰기를 통해 자신의 마음 상태를 들여다볼 기회가 더 많아졌으면 좋겠습니다.

3

핵심 문해력 3

'말하기'는 학교생활에 꼭 필요한 능력이다

왜 말하기가 핵심 문해력인가?

문해력은 글을 읽고 쓰고 이해하는 능력입니다. 더 넓은 의미로 보자면, 문해력은 글을 읽고 쓰고 이해하는 능력뿐만 아니라 의사소통을 하는 것과 자신이 당면한 문제를 해결하는 것까지로 볼 수 있습니다. 그렇다면 초등학생에게 당면한 문제란 무엇일까요? 학교생활과 관련하여 부모님들이 공통으로 걱정하는 것이 있습니다. 바로 아이의 친구 관계입니다. 학교에서 보면 확실히 교우 관계가 좋은 아이들이 있습니다. 그 아이들의 공통점은 친구와 대화하는 능력, 즉 말하기 능력이 탁월하다는 점입니다. 사회성의 첫 번째 조건은 의사소통 능력이기 때문입니다.

"네 생각은 어때?"
"그것도 좋지만 나는 이렇게 했으면 좋겠어."
"고마워."
"미안해."
"좋은 생각이다."

이런 말은 들으면 기분이 참 좋습니다. 교우 관계가 좋은 아이들은 친구의 의견을 무시하지 않으면서도 서로 갈등을 줄이는 방법을 알고 있습니다. 또 관계를 좋게 만드는 '고마워' '미안해'라는 말을 자주 하는 등 상대방을 존중하면서도 자신의 의사를 분명하게 표현할 줄 압니다.

남 탓만 하는 아이, 부정적인 말을 하는 아이, 자기 생각만 옳다며 고집 피우는 아이들 속에서 배려하는 말과 따뜻한 말을 할 줄 아는 아이, 예의 바른 태도로 이야기하는 아이는 단연 돋보입니다. 그런 아이들은 학교생활이 즐겁다고 말합니다. 친구들과 잘 지내고 인정도 받으니 학교 생활에 대한 만족도가 높습니다.

그래서 저는 학기 초에 아이들에게 말하기 교육을 먼저 합니다. 다음과 같은, 말과 관련된 격언이나 속담 찾기도 그중 하나입니다.

"인간은 입이 하나, 귀가 둘이 있다. 이는 말하기보다 듣기를 두 배 더하라는 뜻이다."
"말 한마디로 천 냥 빚도 갚는다."
"화살은 쏘고 주워도 말은 하고 못 줍는다."
"가는 말이 고와야 오는 말이 곱다."

다음으로 그림책을 통해 말하기의 힘에 관해 이야기해 봅니다. 《낱말 공장 나라》(아네스 드 레스트라드, 신윤경 옮김, 세용출판, 2009)라는 그림책이 있습니다. 이 그림책의 주인공은 돈을 주고 낱말을 사서 삼켜야만 말할 수 있는 나라에 살고 있습니다. 그야말로 말을 함부로 할 수 없는 나라에 사는 거죠. 이런 나라에 사는 주인공 남자아이는 한 여자아이를 좋아합니다. 그 아이에게 고백을 하고 싶어 하지만 돈을 주고 말을 사야 하니 쉽지 않죠. 이런 상황에서 주인공 남자아이는 좋아하는 여자아이에게 어떻게 고백할까요? 책 끝에 그 고백의 말이 감동스럽게 펼쳐집니다. 이 책을 통해 아이들과 '말의 소중함'에 대해 생각해 보는 시간을 가졌습니다.

학기 초에 말하기 교육을 중요하게 다루는 이유는 말하기가 곧 타인을 이해하고 배려하는 행동의 기본이기 때문입니다. 말하기 수업을 통해 아이들은 단체 생활에서 발생하는 갈등을 원만하게 해결할 수 있습니다.

가정에서 말하기 교육은 이렇게!

말하기 교육은 학교에서만 이루어지는 것이 아닙니다. 가정에서도 꾸준히 관심을 두고 실천해야 합니다. 가정은 가장 기본적인 관계를 맺는 곳입니다. 가정에서 아이들은 자연스럽게 타인을 배려하는 말, 갈등을 슬기롭게 해결하는 방법 등을 배울 수 있습니다. 가정에서 할 수 있는 말하기 교육을 몇 가지 살펴보겠습니다.

① 시간을 정해 두고 아이와 대화해 보세요

지인 중에 자녀를 반듯하게 키운 분이 있습니다. 그분의 두 자녀는 학업 능력도 우수했지만 무엇보다 성품이 좋아 친구들 사이에서 인기가 많았습니다. 특별한 비결이 있는 것인지, 그분의 이야기가 궁금했습니다.

"아이들을 키우실 때, 다른 부모님들과 어떤 점이 달랐을까요?"

잠시 생각하더니 그분이 들려준 대답은 의외였습니다.

"특별한 건 없었어요. 굳이 꼽자면, 아이 둘이 학교에서 돌아오면 저랑 한 시간 이상 이야기를 나눴어요. 주로 제가 듣는 쪽이기는 했지만 아이들과 함께 참 많은 이야기를 나누었던 게 기억에 남아요."

요즘같이 부모보다 아이가 바쁜 현실에서는 쉽지 않은 시도겠지만, 그분 말씀을 곱씹어 보면서 몇 가지 힌트를 얻었습니다. 세상에서 가장 친밀한 사이인 부모와 자식이 하루에 한두 시간 대화를 하면 아이에게는 어떤 일이 벌어질까요? 엄마에게 이것저것 털어놓다 보면 스스로 반성도 되고 답도 보였을 겁니다. 또 자신을 믿어 주고 지지해 주는 엄마의 마음도 느꼈을 것입니다. 그 모든 게 단단한 힘이 되어 아이가 뚜벅뚜벅 잘 살아갈 수 있는 원동력이 되지 않았을까요?

EBS의 〈학교란 무엇인가〉 다큐멘터리 시리즈 중 하나인 〈0.1%의 비밀〉을 보면 아이가 공부를 잘하는 비결로 부단한 노력, 명확한 목표 의식, 리더십 등과 더불어 부모와의 원활한 대화를 꼽았습니다. 공부를 잘하는 아이들은 부모와 대화를 할 때도 편안했고 자신의 생각을 술술 잘 말했습니다. 부모 또한 아이의 감정을 존중하며 이야기를 나누는 점이 인상적이었습니다. 결국 부모와 자녀 간에 서로 말이 잘 통하는 관계를 형성하는 것이 먼저라고 봅니다.

이런 대화 시간을 통해 아이는 부모로부터 존중을 밑바탕으로 하는 대화법을 배웁니다. 어른의 어휘도 배우고요. 또 누군가 내 이야기를 들어 주고 공감해 주니 정서적 지지도 얻습니다. 이처럼 부모와 자녀 간 대화는 이로운 점이 참 많습니다. 말하기 교육은 특별한 교육이 아니라 일상 교육이며 이는 아이의 성장과 삶을 이루는 바탕 교육입니다.

② 말할 기회를 자주 주세요

학교에 아이들에게 설명하고 지시하는 교사 중심의 교육이 있다면 아이들끼리 이야기해 보기, 조사 발표하기, 자기 생각 말하기 등의 학습자 중심의 교육도 있습니다. 학습자 중심의 교육은 거창하게 시작하지 않아도 됩니다. 학교에서 아이들에게 소소하게 말할 기회를 주는 활동으로는 책 소개하기, 학급 회의하기, 창의적인 활동을 위해 아이디어 내기 등이 있습니다. 아주 사소한 것부터 정해진 수업 활동까지 모두가 말하기 교육입니다. 마찬가지로 가정에서도 어떻게 하면 아이들에게 말할 기회를 줄 수 있을지 찾아보세요.

정신건강의학과 오은영 박사는 《못 참는 아이, 욱하는 부모》(코리아닷컴, 2016)에서 가족회의 시간을 가지라고 이야기합니다. 매주 시간을 정해 가족회의를 하고 서로 성찰하는 시간을 갖는 것이 아이를 잘 성장시키는 길이라고 말합니다. 바쁜 일상 속에서 가족회의 문화를 만드는 것이 쉽지 않지만 아이와 대화할 시간을 갖기 위해 한번 시도해 볼 만한 일 아닐까요?

가족회의가 어렵다면 아이와 함께 책을 읽을 때 "네 생각은 어때?"라고 묻기 전에 "엄마(아빠) 생각은 이러한데 너는 어때?"라고 이야기해 보세요. 부모의 생각을 먼저 말해 주면 아이가 좀 더 수월하게 말할 수 있습니다.

책 이야기가 아니어도 괜찮습니다. "오늘 이런 일이 있어서 무척 당황했는데 넌 그런 적 없었어?"라든지 부모가 아이 또래였을 때 있었던 일화를 들려주는 것도 대화의 물꼬를 트는 기회가 됩니다.

③ 고학년이 되면 토의와 토론을 자주 경험하게 해 주세요

초등 5, 6학년이 되면 자신의 생각을 말할 수 있는 정식 기회를 주어야 합니다. 논리적 사고가 발달하는 시기인 만큼 '왜 그럴까?'에 대해 충분한 근거를 들어 설명할 줄 알아야 하고 자신의 의견을 논리적으로 제시할 줄 알아야 합니다.

초등 5학년 국어 교과서에도 주장하는 글을 배우고 자신의 의견을 말하는 내용이 있습니다. 평소 학교에서 배운 내용을 실전에서 잘 활용하려면 토의와 토론을 통해 사고력이 성장할 기회를 주어야 합니다. 가정에서는 뉴스나 다큐멘터리를 보면서 아이의 생각을 묻고, 책을 읽고 이야기를 나누는 가족 독서 토론 시간을 갖는 등 대화 문화를 만들어 보세요.

언어 천재 조승연 씨는 한 TV 프로그램에서 고등학생 때 만난 유대인 친구 이야기를 해 주었습니다. 그는 그 친구가 매일 노는데도 어째서 시험은 만점인지 늘 궁금했다고 합니다. 그런데 어느 날 그 친구 집에 갔다가 그 이유를 알게 되었습니다. 친구는 평소처럼 집에서 아버지와 뉴스를 보며 서로 대화를 했는데 그 자체가 아주 훌륭한 교육이었다고 합니다.

좋은 교육은 밥을 먹듯 익숙하게, 일상에서 소소하게 이루어집니다. 그러한 교육이 시간 속에서 층층이 쌓여 가면서 아이만의 무기가 되는 역량으로 나타납니다.

④ 말하기 전략을 알려 주세요

'고미사' '인사약' '생감바'를 아시나요? 초등학교에서 자주 사용하는 말하기 전략입니다. '고미사'는 고마워 미안해 사랑해의 줄

임말로 누가 들어도 기분 좋은 말입니다. 그래서 아이들이 자주 말할 수 있도록 지도합니다.

'인사약'은 인정하고 사과하고 약속하기입니다. 교실 평화 전문가인 허승환 선생님이 언급한 좋은 의사소통 방법입니다. 친구에게 잘못을 해서 사과할 때 아이들은 보통 "미안해!"라는 말로 끝냅니다. 그러면 사과를 받는 입장에서는 진정한 사과를 받았다는 생각이 들지 않습니다. 그런데 사과하는 방법을 알려 주면 달라집니다. 예를 들어 나쁜 말을 해서 사과해야 하는 상황이라면,

인: (인정하기) 아까 내가 너한테 나쁜 말(욕)을 했어.

사: (사과하기) 너한테 그렇게 말하는 게 아니었는데. 정말 미안해!

약: (약속하기) 다음부터는 나쁜 말을 하지 않을게.

이렇게 사과 방법을 구체적으로 알려 주면 아이들은 대화를 통해 문제를 해결합니다. 특히 마지막의 '약속하기'는 효과가 큽니다. 이는 자기 공언하기와 비슷한 것으로 어떤 일에 대해 말로써 다짐하면 나만의 구속력도 생기고 아이 스스로 다짐을 하는 계기도 되거든요.

'생감바'는 생각을 말하고, 감정을 말하고, 바라는 말 말하기입

니다. 단체 생활을 하다 보면 친구에게 서운하고 속상할 때가 있습니다. 실제로 있었던 이야기를 하자면, 체육 시간에 줄넘기를 못한다고 친구에게 놀림을 받은 아이가 있었습니다. 무척 속상한 일이죠. 그 아이가 '생감바' 방법대로 친구들에게 자신의 속상함을 이렇게 표현했습니다.

생: (생각 말하기) 줄넘기를 잘하는 사람도 있고 못하는 사람도 있잖아. 공부처럼 말이야.

감: (감정 말하기) 어제 체육 시간에 줄넘기를 못한다고 너희들이 나를 놀려서 속상했어.

바: (바라는 말 말하기) 다음부터는 놀리지 않았으면 좋겠어.

친구가 놀리거나 화나게 했다고 주먹다짐부터 한다면 학교생활에 큰 어려움이 있을 것입니다. 하지만 자신의 감정을 인정하고 그 감정을 친구에게 솔직하게 전달하는 방법을 알면 좋은 교우 관계를 맺을 수 있습니다. 이렇게 대화하는 경험을 통해 아이는 자신에게 당면한 문제를 슬기롭게 풀어 나가는 어른으로 성장할 것입니다.

⑤ 직접 설명하기 전략으로 공부와 말하기를 함께!

학습 피라미드를 아시나요? 미국 행동과학연구소(National Training Laboratories)에서 제시한 것으로 다양한 방법으로 공부를 한 후, 24시간 안에 기억에 남아 있는 것을 측정해 비율로 나타낸 것입니다.

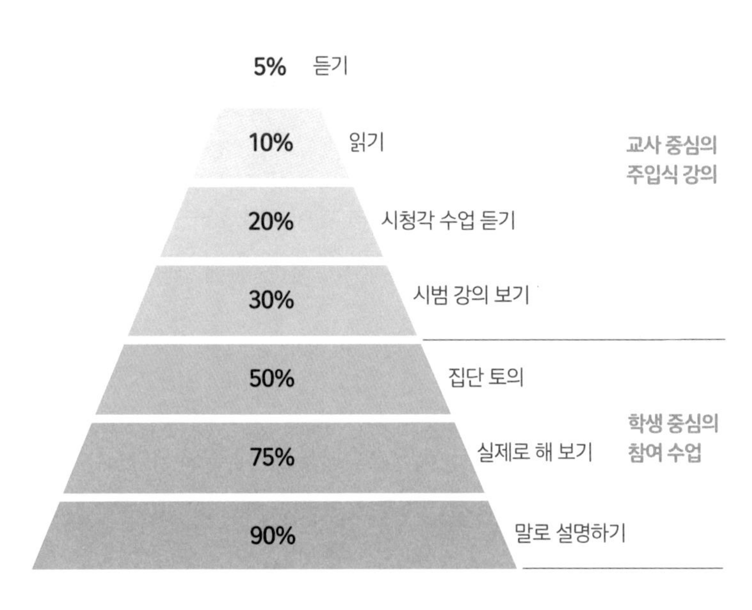

학습 효과 피라미드

순서대로 보자면 듣기 → 읽기 → 시청각 수업 듣기 → 시범 강의 보기 → 집단 토의 → 실제로 해 보기 → 말로 설명하기 순으로, 뒤로 갈수록 기억에 많이 남습니다. 가장 효과가 큰 것이 무엇인지 아시겠죠? 스스로 공부한 후 남에게 설명해 보는 '말로 설명하기'입니다. 그래서 교사로서 이 부분을 수업에 어떻게 접목할지 고민하고 시도해 보았습니다. 제가 고안해 낸 방법은 '오 분 말하기'였습니다.

수업이 끝나기 오 분 전, 아이들에게 짝꿍과 서로 배운 것을 이야기해 보는 시간을 갖게 했습니다. 유대인의 교육 방식으로 잘 알려진 하브루타인 셈인데, 무엇보다 아이들이 참 좋아하는 활동입니다. 가만히 앉아서 선생님의 이야기를 듣는 수업이 아닌, 말하는 자가 주체가 되는 활동이잖아요. 짝꿍과 대화하며 배운 내용을 반추해 보는 활동은 학생이 중심이 되어 움직이는 능동적인 수업입니다.

배운 내용을 말로 이야기해 보면 턱 하고 막힐 때가 있습니다. 그 부분이 바로 내가 모르는 부분인 셈이죠. 메타 인지, 즉 내가 무엇을 알고 무엇을 모르는지 아는 것은 매우 중요한 능력입니다. 그러니 말로 설명하기를 통해 자신의 공부 역량도 더 강화할 수 있습니다.

우리 아이만의 말하기 목표를 세우자

학교에 입학하면 어떤 말하기 교육을 배울까요? 먼저 자기소개를 할 수 있는 수준의 표현하기를 배웁니다. 1, 2학년 때에는 분명하게 발표하는 법과 인사하는 법을 배우고 3, 4학년이 되면 회의 시간에 자신의 의견을 말하는법, 웃어른과 대화하는 법, 다양한 상황에서 친구와 대화하는 방법을 배웁니다. 5, 6학년에는 질문하기와 토론하기가 나옵니다. 학년군에 따라 말하기 교육의 중점도 달라집니다.

가정에서는 어떠할까요? 떼를 쓰며 고집을 부리던 아이가 어느 순간부터 자신의 행동에 대한 근거를 말하기도 하고, 논리적으로 따지기 시작합니다. 말하는 것만 봐도 부쩍 성장했다는 생각이 들지요. 학교에서 하는 말하기 교육은 발표하기의 기초부터, 자기 생각을 말하고 타인을 배려하는 대화를 배우는 것, 나아가 토론하고 질문하는 것 등 의사소통 능력 전반을 향상시키는데 목표가 있습니다. 가정에서도 아이의 상황과 기질, 강점을 보면서 말하기 목표를 정해 보세요. 말하기 교육은 한두 번으로 끝나는 것이 아닙니다. 시간을 들여 꾸준히 연습하는 과정이 필요합니다.

우리 아이만의 말하기 목표 예시

· 배운 것을 말로 표현할 줄 아는 아이

· 어른, 아이 모두를 존중하는 대화를 하는 아이

· 자신의 의견과 생각을 분명하게 말하는 아이

· 토론, 토의에 강한 아이

· 대중 앞에서 발표를 잘하는 아이

· 아나운서처럼 또박또박 정확한 발음으로 내용을 잘 전달하는 아이

· 질문하기를 좋아하는 아이

4

핵심 문해력 4

'미디어 문해력'은 현재 가장 시급한 교육이다

미디어 교육이 시급하다

'생비자'라는 말이 있습니다. 생산자와 소비자를 결합한 말로 영어로는 '프로슈머(prosumer)'라고 합니다. 특히 미디어 콘텐츠를 단순히 소비하는 형태에서 벗어나 스스로 콘텐츠를 만드는 시대, 즉 1인 미디어 시대를 잘 설명하는 신조어입니다. 1인 미디어 시대가 되면서 다양한 콘텐츠를 접할 기회가 많아졌습니다. 누구나 미디어 생산자가 된다는 점은 흥미롭지만 무분별한 콘텐츠가 많아진다는 문제도 있습니다.

10년 전, 아이들에게 '즐겨 보는 프로그램에 대해 알아 오기'라는 과제를 낸 적이 있습니다. 그때 아이들 대부분이 유재석 씨가 나오는 〈무한도전〉, 강호동 씨가 나오는 〈1박 2일〉을 조사해 왔습니다. 저도 즐겨 보는 프로그램이라 아이들과 함께 어떤 점이 좋은지 혹은 잘못되었는지 말할 수 있었습니다.

요즘 아이들에게 똑같은 질문을 하면 어떤 답이 나올까요? 실제로 4학년 아이들에게 물어보니 돌아온 대답은 한 번도 들어 본 적이 없는 것뿐이었습니다. "무슨 프로그램이야?"라고 묻는 말에 아이들은 좋아하는 유튜버 이야기를 하느라 바빴습니다. 어떤 콘텐츠인지 모르니 무슨 말을 해야 할지 난감했습니다.

아이마다 좋아하고 즐겨 시청하는 콘텐츠가 다릅니다. 그러니 콘텐츠의 내용이나 교육성, 폭력성, 출연자들의 특징 등을 파악하기 어렵습니다. 이런 상황에서 어떻게 아이들 눈높이에 맞는 미디어 교육을 할 수 있을까요? 현재 미디어 교육은 아이들이 많은 콘텐츠에 노출되어 있으나 누구도 제대로 가르쳐 주지 않는다는 점에 그 심각성이 있습니다.

진짜야, 가짜야?

미디어 교육과 관련된 문제는 이뿐만이 아닙니다. 어느 날 우리 반의 한 아이가 등교하자마자 신이 나서 저에게 말했습니다. 평소 코로나19 때문에 마스크 쓰고 생활하는 것이 싫다며 투덜거리던 아이였습니다.

"선생님! 드디어 코로나19를 치료할 음료수가 나왔대요."

"음료수? 음료수로 어떻게 코로나19를 치료해?"

아이의 말을 듣고 신문 기사를 검색해 보았습니다. 아이가 말한 것과 비슷한 기사가 있었습니다. 하지만 그 뉴스는 저녁 무렵 가짜 뉴스로 판명이 나면서 하루가 허탈하게 지나갔습니다. 이외에도 가짜 뉴스는 우리 주변에 많습니다. 멀쩡히 살아 있는 유명인의 사망 기사처럼 아무 일도 없는데 마치 큰 사건이 난 것처럼 보도되는 일이 적지 않지요. 어느 때보다 진짜와 가짜를 구분하는 능력이 필요한 시대입니다.

'보이는 대로 믿는다.'

미디어에 많이 노출된 아이들의 특성입니다. 앞으로 1인 미디어화는 더 가속화될 것이고 아이들의 미디어 노출 시간도 더 길어질 것입니다. 그러니 아이들에게 진짜와 가짜 정보를 구별하는 역량은 반드시 필요합니다. 정보의 생산자든 소비자든 이 스마트한 세상에서 올바르게 정보를 판단하는 능력이 필요합니다.

지금 가정에서 필요한 미디어 교육은?

"친구가 '단톡방'에서 제 욕을 했어요."

"페이스북에 친구가 이상한 걸 올렸어요."

요즘 학교에서는 SNS에서 벌어지는 학교 폭력 문제가 매우 심각하게 대두되고 있습니다. SNS 때문에 벌어진 일로 학교 폭력 심의가 열리면 가해자 학생의 부모님도, 피해자 학생의 부모님도 모두 아이의 SNS에서 벌어진 일에 놀라워합니다. 이때 대부분 부모님의 해결 방법은 자녀의 휴대폰을 뺏거나 사용 금지라는 벌을 내리는 것입니다. 이 경우 일시적인 효과는 있을 수 있지만 언제까지나 아이들에게 '금지'만 강요할 수는 없습니다.

실제로 핀란드나 미국의 경우, 단순히 통제하거나 제재하는 방식이 아닌 미디어를 현명하게 활용하는 방법과 비판적으로 분석하고 바라보는 훈련을 더 강화하는 쪽으로 미디어 교육을 합니다. 이미 24시간 미디어에 노출된 아이들의 눈과 마음을 닫고 살게 할 수는 없기 때문입니다.

예전에 디지털 교과서 정책 연구 학교에서 4년간 아이들을 가르친 경험이 있습니다. 학교는 언제, 어디서나 와이파이를 사용할 수 있습니다. 디지털 교과서로 수업하고 태블릿 피시에 설치한 교육 앱을 활용하여 아이들의 디지털 학습 역량을 강화할 수 있는 최적의 환경입니다. 문제는 엉뚱한 곳에서 터졌습니다. 아이들은 하교 후 집으로 돌아가지 않고 학교 운동장 밑, 강당 계단 밑, 후미진 1층 코너 등에 삼삼오오 몰려 있는 경우가 많았습니다. 한번은 궁금해서 아이들에게 물어보았습니다.

"왜 집에 안 가고 여기서 게임해?"

"집에 가면 못 하게 하니까요. 그리고 학교에서 하는 게 피시방 가는 것보다 낫잖아요!"

6학년 아이는 아주 당당하게, 눈으로는 손에 든 스마트폰을 보며 대꾸했습니다. 그 모습을 보면서 '아이들이 숨어서 미디어를 소비하는데 부모의 통제가 과연 효과가 있을까?'라는 의문이 들었습니다.

세계적인 미디어 학자인 데이비드 버킹엄은 우리나라 미디어 학자 정현선 교수와의 인터뷰에서 가정에서의 미디어 교육과 관련하여 매우 실제적인 조언을 합니다.

"중요한 것은 부모가 걱정하는 바에 대해 아이와 이야기를 나누는 것이다. 아이가 보는 텔레비전 프로그램을 함께 보는 것도 중요하다. 컴퓨터 게임은 함께하기 어렵다. 아이가 함께하고 싶어 하지 않기 때문이다. 아이도 크면서 자기만의 시간과 공간을 갖고 싶어 하고 부모가 뭐든지 같이 하자고 하면 짜증을 낸다. 따라서 부모가 뒤로 물러나 자녀를 좀 더 믿어 주어야 한다. 하지만 자녀가 이용하는 미디어에 대해 이야기 나눌 필요는 있다."

-〈미디어 리터러시〉 04호(한국언론진흥재단, 2018) 중에서

아이가 좋아하는 프로그램을 함께 시청하고 이야기를 나눈 경험이 있나요? 아무래도 아이들의 영상 시청 시간을 통제하는 경우가 더 많겠지요. 이제부터라도 미디어 교육을 하고 싶다면 '대화하기'부터 해 봅시다. 이것이 미디어 교육의 시작입니다. 한 걸음 나가면 다음 걸음도 어떻게 걸어야 할지 보일 거예요. 오늘 아이에게 이런 말을 건네 보세요.

"어떤 프로그램을 좋아해? 엄마(아빠)도 한번 같이 볼까?"

관심을 기울이는 것만으로도 아이를 둘러싼 미디어 환경에 대한 제한이 아닌 제안이 되지 않을까요? 같이 무언가 함께한다는 건 무척 든든한 일입니다. 또 아이가 미처 볼 수 없었고 생각할 수 없었던 것을 부모와 함께 알아 나가는 기회도 될 수 있고요.

현재 미디어를 둘러싼 이야기는 아무도 제대로 가르쳐 주지 않지만 가장 시급하게 다루어야 할 교육입니다. 디지털 문해력

교육의 골든 타임을 놓친다면 강력한 미디어 기기 앞에서 가장 기본적인 읽기, 쓰기, 말하기 문해력 모두가 무너질 수 있습니다.

초등 문해력 LEVEL UP

미디어 교육, 더 알고 싶어요!

1. 우리 아이의 스마트폰 의존 정도를 알고 싶다면?

스마트쉼센터 (https://www.iapc.or.kr/kor/index.do)

· 스마트폰 과의존 진단 및 상담을 할 수 있어요.

· 전국 스마트쉼 센터 운영에서 스마트폰 과의존 예방 교육을 해요.

· 내방 상담도 가능해요.

2. 영상 제작, 메타버스 등 다양한 미디어 활용법을 배우고 싶다면?

미디온 (https://edu.kcmf.or.kr)

· 다양한 미디어 리터러시 강좌가 있어요.

· 미디어 영상 콘텐츠 기획, 촬영, 스토리텔링, 편집 등을 배울 수 있어요.

3. 학부모 미디어 교육에 대해 전반적으로 알고 싶다면?

미리네(교육부에서 운영, http://www.miline.or.kr/mps)

· 미디어 교육 자료와 최신 정보를 제공해요.

· 디지털 성범죄 예방법 및 관련 콘텐츠를 접할 수 있어요.

· 디지털 시대 자녀와의 소통 방법을 알려 줘요.

(2장)

초등 핵심 문해력의 시작 : 1, 2학년

1

저학년, 독서 습관이 최우선이다

저학년 때 독서 습관을 만들어야 하는 이유

"요즘 읽기가 중요하다고 하잖아요. 그런데 아무리 책을 읽으라고 해도 안 봐요!"

"어릴 때는 책을 참 좋아했는데……."

"책 좀 읽게 하는 비결이 있나요?"

부모님 상담을 할 때마다 이런 하소연을 듣습니다. 특히 초등 고학년 자녀를 둔 학부모님의 고민이 많았습니다. 아이가 고학년이 되어 다시 독서 습관을 갖추게 하는 건 쉽지 않습니다. 5, 6학년 아이들에게 책 좀 읽으라고 하면 “책 읽을 시간이 없어요.” “숙제해야 해요.” 같은 대답이 먼저 나옵니다. 이런 대답을 들을 때마다 왜 저학년 때 독서 습관을 갖춰야 하는지 알게 됩니다. 고학년 아이들이 독서 습관을 갖추는 게 왜 힘든지 더 자세히 알아보겠습니다.

① 독서는 피곤한 활동이라고 생각해요

읽기는 두뇌 활동입니다. 읽는 뇌로 전환이 되어 있어야 수월하게 읽을 수 있습니다. 읽는 뇌가 형성된 아이라면 “책 읽는 게 취미예요. 제 휴식이에요.”라고 말할 수 있지만 그렇지 않은 아이에게 독서는 고달프고 힘든 활동입니다. 그러니 고학년이 되면 공부할 양도 많아지는데 책 읽는 노력까지 더 해야 한다는 생각에 자꾸 피하게 되고 하기 싫어집니다. 저학년 때 읽는 뇌가 형성되어야 고학년이 되어도 독서가 피곤한 활동이 아닌 휴식을 주는 활동, 즐거움을 주는 활동이 될 수 있습니다. 아이들은 쉬우면 합니다. 아이가 고학년이 되어도 쉽게 책을 읽을 수 있도록 저학년 때 독서 습관을 형성해야 합니다.

② 스마트폰이 더 좋아요

2022년 한국언론진흥재단이 발행한 〈어린이와 미디어 리터러시〉 보고서를 살펴보면, 미디어를 하루 2시간 이상 이용하는 비율이 저학년 때는 6.7%인데 반해 고학년에서는 19.7%로 약 세 배 가까이 높은 것으로 나타났습니다. 이는 저학년 때보다 고학년 때 스마트폰에 빠질 가능성이 더 높다는 것을 보여 줍니다. 이러한 환경에서 5, 6학년 아이들에게 책을 읽으라고 한다면 어떤 반응을 보일까요? 이미 미디어가 주는 자극에 마음을 뺏긴 상태라 읽기에 몰입하기가 더욱 힘듭니다. 그래서 고학년 아이들은 책 읽기를 두고 부모와 갈등을 겪기도 합니다.

③ 읽기 효능감이 떨어져 있어요

읽기 효능감은 '읽기를 잘할 수 있다고 믿는 신념'입니다. 읽기에 어려움을 겪고 있는 아이들은 이 읽기 효능감이 많이 떨어져 있습니다.

"저는 잘 못 읽어요."

"이 책은 어려워서 못 읽겠어요."

또래 아이들이 읽는 책을 주면 이런 이유로 거부합니다. 이런 학생에게 읽기 수준이 낮은 책을 권하면 어떻게 될까요?

"부끄럽게 이런 책을 어떻게 봐요?"

이렇다 보니 아이에게 어떤 책을 권해야 할지 난감할 때가 있습니다.

고학년 때 책을 좋아하는 아이, 스스로 책을 찾아서 읽는 아이로 만드는 건 쉽지 않습니다. 하지만 불가능한 것은 아닙니다. 책의 재미에 푹 빠지게 하는 '인생 책'을 만난다거나 책을 좋아하는 친구에게 간접적으로 영향을 받아 책 읽기의 즐거움을 알게 되면 다시 책을 손에 쥘 수도 있습니다. 하지만 이런 행운만 기대할 수는 없습니다.

반면 저학년 시기는 학습량도 적고, 게임이나 미디어 매체에 노출되는 시간도 적을 뿐만 아니라 서로 비교하고 경쟁하는 또래 문화도 보이지 않습니다. 따라서 여러 가지 방해물이 없는 저학년 시기야말로 독서 습관을 만들 수 있는 최적의 시기라고 봅니다.

탄탄한 독서 습관을 위해 알아야 할 비법

그렇다면 탄탄한 독서 습관을 어떻게 만들어 줄 수 있을까요? 많은 교육 전문가는 엄마가 책을 읽어 주면 된다, 재미난 책을 찾아 주면 된다, 아이를 데리고 도서관에 가서 책과 친해지는 기회를 주면 된다고 말합니다. 모두 맞는 이야기입니다. 여기에 더해 무엇을 꼭 알아야 할지 살펴보겠습니다.

최근 습관에 관한 연구가 활발하게 진행되고 있습니다. 이를 독서와 연결하여 과학적이고 체계적으로 독서 습관 만드는 방법을 찾아 보았습니다. 습관 형성에 유용한 책인 《아주 작은 습관의 힘》(제임스 클리어, 이한이 옮김, 비즈니스북스, 2019)에서는 습관의 네 가지 원칙을 말합니다.

제1 원칙 분명해야 달라진다.

제2 원칙 매력적이야 달라진다.

제3 원칙 쉬워야 달라진다.

제4 원칙 만족스러워야 달라진다.

이를 간단하게 설명하자면 '분명해야 달라진다'는 원칙은 형성하고 싶은 습관에 대해 언제, 어디서, 어떻게 할 것인지 구체화하는 것을 말합니다. '매력적이어야 달라진다'는 원칙은 어떤 습관을 하고 싶도록 마음이 움직이게 설계하라는 뜻입니다. '쉬워야 달라진다'는 원칙은 가급적 쉽게 할 수 있는 환경을 만드는 것이 핵심입니다. 마지막으로 '만족스러워야 달라진다'는 것은 습관으로 인해 얻는 즉각적인 보상을 통해 '아, 이 행동이 나에게 도움이 되는구나!' 하고 깨닫게 하는 것을 말합니다.

이 습관의 네 가지 원칙에 한 가지를 더 추가해 보겠습니다. 바로 '넛지'라는 개념입니다. 넛지는 '옆구리를 찌르다'라는 뜻으로, 행동 경제학에서는 부드러운 개입을 통해 행동 변화를 일으키는 것을 말합니다. 즉 넛지란 약간의 개입을 통해 당사자가 현명한 선택을 하도록 유도하는 것입니다. 인간은 합리적이지 않아서 제아무리 똑똑한 사람도 현명하지 못한 선택을 할 수 있습니다. 이런 사실을 알고 똑똑한 선택을 할 수 있도록 상황이나 환경 자체를 세팅하는 것을 말합니다.

저는 네 가지 습관 원칙과 더불어 이 넛지의 개념을 적용한 '작은 독서 습관을 만드는 법' 세 가지를 구상해 보았습니다.

① 재미있는 책부터 시작하라

앞서 소개한 습관의 원칙 중에 매력적이야 달라진다는 것과 만족스러워야 달라진다는 것이 있었습니다. 아이가 책과 친해지게 하려면 이 두 가지 원칙을 생각해야 합니다. 책을 학습 도구가 아니라 재미난 것, 즐거운 것으로 생각하게 해야 독서를 지속적으로 할 수 있고 습관이 될 수 있습니다.

작은 독서 습관 만들기의 첫 번째 원칙은 재미있는 책으로 시작하기입니다. 저학년 책 중에는 이야기에 푹 빠질 만한 동화가 참 많습니다. 그림책으로 시작하여 저학년 읽기 책까지 재미난 책 위주로 아이에게 읽어 주거나 읽도록 권합니다. 처음에는 부모님이 읽어 주세요. 저학년은 책을 유창하게 읽는 나이도 아닌데다 누군가 읽어 주는 것을 듣는 것이 익숙하고 편한 시기이기 때문입니다.

② 한 번에 한 단계씩 설정하라

저학년 독서 습관 만들기에 처음부터 욕심을 부리면 안 됩니다. 아이와 함께 도서관이나 서점을 갈 때에도 처음부터 너무 자주 가기보다는 한 달에 한 번부터 시작해 보세요. 무엇이든 단계가 있습니다. 0에서부터 시작해 한 단계씩 가야 아이들의 저항감도 크지 않습니다. 아이들이 자연스럽게 독서에 스며들게 만드는 것이 관건입니다. 쉬워야 달라진다는 습관의 원칙처럼 말입니다. 운동 습관을 만들 때에도 처음부터 윗몸 일으키기를 하루에 100번 하기보다 하루 한 번부터 시작하라고 합니다. 누구나 언제 어디서나 쉽게 도전할 수 있는 상태로 시작해야 습관으로 이어집니다.

제 아이가 어릴 때 '도서관과 친숙해지기'라는 목표를 세운 적이 있습니다. 6개월 동안 아이와 도서관에 놀러 가듯 갔습니다. 어린이 도서관에서 아이가 원하면 책을 읽고 주변 공원을 산책

했습니다. 오랜 시간을 들여서 천천히 한 스텝씩 가는 것은 아이가 아닌 부모의 독서 습관을 기르는 데에도 좋습니다. 조급해하지 않고 천천히 가는 것! 그것이 오래 할 수 있는 힘을 주기 때문입니다.

오늘 책 읽어 주기를 시작한다면 자기 전, 오 분만 읽어 주겠다는 마음으로 도전해 보세요.

③ 넛지를 이용해 독서 환경을 만들어라

앞서 넛지란 부드러운 개입이라고 이야기했습니다.

"책 좀 읽어!"

이런 말은 직접적이고 다소 강압적인 개입이죠. 넛지는 이렇게 말하는 것이 아니라 아이가 접하는 환경에 작은 변화를 주어 책 읽는 아이로 변화시키는 환경을 설계하는 것입니다. 최종 목표를 스스로 책 읽는 아이로 설정했다면 이를 위한 환경 설계를 해야 합니다.

예전에 유명한 그림책 강사가 진행하는 연수를 들은 적이 있습니다. 그 연수에서 가장 인상적이었던 내용은 아이들이 그림책을 스스로 찾아 읽게 하려면 책을 전면으로 보여 줘야 한다는 조언이었습니다. 대단한 노하우를 기대했는데 제시된 방법은 그저 주어진 환경에 약간의 변화만 주는 것이었습니다. 이러한 행동이 바로 넛지입니다. 아이를 둘러싼 환경을 살짝 수정함으로써 아이가 어떤 행동을 하도록 유도하는 것이 핵심입니다. 저는 그 연수를 듣고 바로 식탁 위에 그림책 한 권을 정면으로 세워 두었는데요, 아이가 밥을 먹다가 슬그머니 그림책을 가지고 가더라고요.

"이 책 재미있겠다."

그러면서 책을 읽기 시작했습니다. 동시, 동화책, 지식 책을 읽게 하고 싶을 때 저는 이 방법을 사용합니다. 학교에서도 적용한 적이 있는데요, 학급 문고에 반 아이들이 좋아할 만한 매력적인 책을 사서 두고 자주 노출했습니다. 학급 문고 책을 아이들에게 소개하고, 학급 문고를 기웃거리는 아이를 보면 칭찬해 주기도 했습니다.

"선생님이 읽어 본 책인데 무섭기도 하지만 재미있어."

고학년 아이들에게 책을 소개하면서 살짝 이야기의 줄거리를 말해 주거나 앞부분을 읽어 주기도 했는데, 그러자 책에 관심이 없던 아이도 읽고 싶다고 번쩍 손을 들더라고요.

부모님이 책을 읽는 모습을 보여 주는 것도 좋은 방법입니다. 사람은 누구나 모방 욕구가 있기 때문입니다. 어린 시절, 책을 읽는 부모님을 보면서 아이들도 자연스럽게 책 읽는 모습을 닮아갈 수 있습니다.

아이의 독서 습관이 아직 정착되지 않았다면 습관의 법칙과 넛지를 이용해 체계적으로 도전해 보세요. 습관을 완성하는 것은 꾸준한 실천입니다. 습관이 완성되는 평균 기간은 60일 이상이라고 합니다. 아이와 함께 독서 습관을 잡아 보시기 바랍니다.

초등 문해력 LEVEL UP

저학년을 위한 재미있는 책 추천

《고양이 해결사 깜냥》 시리즈(홍민정, 창비, 2020~2023)

《만복이네 떡집》(김리리, 비룡소, 2010)

《엽기 과학자 프래니》 시리즈 (짐 벤튼, 양윤선 옮김, 사파리, 2022)

《추리 천재 엉덩이 탐정》 시리즈 (트롤, 김정화 옮김, 미래엔아이세움, 2016~2020)

《삼백이의 칠일장 1, 2》(천효정, 문학동네, 2014)

《병만이와 동만이 그리고 만만이》 세트(허은순, 보리, 2013)

'나무 집' 시리즈(앤디 그리피스, 신수진 옮김, 시공주니어, 2015~2023)

'코드네임' 시리즈(강경수, 시공주니어, 2019~2022)

'의사 어벤저스' 시리즈(고희정, 가나출판사, 2021~2023)

'사계절 웃는 코끼리' 시리즈

비룡소 '난 책 읽기가 좋아' 시리즈

'저학년은 책이 좋아' 시리즈

'좋은책어린이 창작 동화' 시리즈

2

초등 저학년은 읽기 유창성을 키우는 시기이다

읽기 유창성이 필요해요

독서 교육의 목표는 '평생 독자 되기'입니다. 단거리 선수가 아닌 끝이 보이지 않는 마라토너가 되어야 하죠. 마라토너에게 필요한 것은 포기하지 않는 체력과 정신력, 다년간의 훈련이겠죠. 이를 독서에 적용해 보면 1, 2학년은 막 출발선에서 뛰기 시작한 러너라고 보시면 됩니다. 어떻게 가도록 하겠습니까? 각자의 페이스대로 천천히 가야 오래, 더 멀리 갈 수 있지 않을까요?

"초등 공부는 독서가 다라는데 몇 시간씩 읽어야 하나요?"
"인문 고전 책을 읽으면 좋나요?"
"아이가 만화책만 보려고 해요."
"자기가 읽지 않고 자꾸 책을 읽어 달라고 해요."

이제 막 뛰기 시작한 초보 마라토너에 대해 걱정이 많은 시기입니다. 부모로서 조급해질 때도 있습니다. 이는 목표를 몰라서 생기는 마음입니다. 학년마다 반드시 갖춰야 할 최소한의 독서 능력이 무엇인지 안다면 차근차근 꾸준히 갈 수 있습니다.

초등 저학년 때 꼭 갖춰야 할 독서 능력은 '글 깨치기'와 '읽기 유창성'입니다. 글 깨치기는 한글의 글자 규칙을 알고 글자, 낱말, 문장을 소리 내어 읽을 수 있는 것을 말합니다. 읽기 유창성은 암호 전문가처럼 한글을 해독해 내서 글을 술술 읽는 독해의 단계로 진입하는 것을 말합니다. 특히 읽기 유창성은 앞으로 글을 읽어 나가는 데 영향을 주기 때문에 더욱 신경을 써야 합니다.

읽기 유창성을 키우는 방법

읽기 유창성은 글을 정확하게, 빠르게, 간단한 문장 부호를 이해하며 읽는 것을 말합니다. 읽기 유창성은 시간이 지나면 저절로 습득되는 것이 아닙니다. 읽기에 막 입문한 아이들이 뜀틀에서 있는 선수라면 부모는 '도움닫기'라고 보면 됩니다. 몇 가지 도움닫기를 통해 아이가 수월하게 뜀틀을 넘도록 도와줘야 합니다. 부모님의 도움닫기로서의 역할에 대해 알아보겠습니다.

도움닫기 ① 책을 읽어 주세요

읽기 유창성을 발달시키기 위해서는 책 읽어 주기 활동이 매우 중요합니다. 책 읽어 주기의 강력한 효과는 능숙한 독자인 어른이 글을 유창하게 잘 읽는 것을 보여 주는 데에서 옵니다. 알맞은 속도와 어조, 발음, 운율에 따라 읽는 법을 아이에게 그대로 보여 줍니다. '책은 이렇게 읽어야 해!'라며 개념적으로 알려 주는 것이 아닙니다. 아이들은 그저 들려주는 이야기에 푹 빠져 있다가 자신도 모르게 체득하는 것입니다.

책 읽어 주기는 책을 읽으면서 어떻게 책과 대화하는지 또한 그대로 보여 줍니다. 독자의 머릿속을 말로 보여 주는 것인데 이를 독서학에서는 '사고 구술법'이라고 말합니다. 사고 구술을 통해 아이들은 책을 잘 읽는 방법을 습득하게 됩니다.

도움닫기 ② 긍정적인 독서 경험을 심어 주세요

독서 전문가로 20년 넘게 활동한 어느 선생님이 자신의 첫째 아들 이야기를 들려준 적이 있습니다. 어릴 때부터 과하게 독서를 강요했더니 중학생이 된 아들이 책이 지긋지긋하다며 앞으로 책은 절대 읽지 않겠다고 독서 포기 선언을 했다고 합니다. 마음고생을 한 선생님은 이를 반면교사 삼아 둘째 아들에게는 절대 읽기를 강요하지 않고 자기가 좋아하는 책을 읽고 싶을 때 마음껏 읽게 했다고 합니다. 현재 중학생이 된 둘째 아들은 손에서 책을 놓지 않는 아이가 되었고 선생님은 억지로 책을 보게 하는 것이 독서 교육에 가장 나쁘다고 강조하였습니다. 다양한 독서 연구에서도 '책에 대한 긍정적인 경험'을 하는 것이 좋은 독자가 되는 길이라고 말하고 있습니다.

초등 저학년 시기의 독서 교육에서 가장 중요한 것은 아이가 책에 흥미를 갖게 하는 것입니다. 책 읽기를 공부가 아니라 놀이로 인식할 수 있도록 해 주세요. 아이들은 놀이라면 지치지 않는 체력을 보여 주잖아요. 그러니 책을 즐겨 읽을 수 있게 해야 합니다. 이 시기에는 학습 지향의 독서보다는 읽기 자체가 즐거운 독서를 해야 합니다. 강제로 책을 읽히기보다 자연스럽게 책을 접할 수 있도록, 편안하고 안정된 환경에서 책을 읽도록 해 주세요.

도움닫기 ③ 10분이라도 책 읽는 시간을 만들어 주세요

학교에 입학하면 매일 아침 짧게는 10분, 길게는 20분 정도의 아침 독서 시간이 있습니다. 이 시간을 잘 활용하면 제법 많은 양의 책을 읽고, 아침 시간 독서의 효과도 누릴 수 있습니다. 자기 전에 아침 독서 시간에 읽을 책을 골라 가방 속에 넣어 두게 해 주세요.

또한 학교 도서관을 잘 활용할 수 있도록 아이에게 안내해 주세요. 학교 도서관에는 자격증을 가진 전문 사서 선생님이 있습니다. 또한 분기별로 새 책을 구입해서 양서도 많습니다. 아이에게 특정 요일을 정해 책을 빌려 오도록 하거나 방과 후에 도서관을 10분이라도 이용하라고 안내해 주세요.

저는 우리 반 아이들에게 일주일에 한 번 이상은 도서관에 가도록 안내하고, 도서관 수업 시간이 배당된 날은 빠지지 않고 책을 읽도록 합니다. 아이들이 학교 안팎으로 책을 접할 수 있는 환경을 만들어 주기 위함입니다. 아침 독서 시간에 책을 읽고 방과 후 도서관에 가는 것을 저는 '틈틈이 독서하기'라고 부릅니다. 아이가 부담 없이, 잠시의 틈을 타 책을 가까이할 수 있도록 해 주세요.

가정에서도 일정한 시간과 요일을 정해 '책 읽는 시간'을 만들어 주세요. 아이가 쉽게 실천할 수 있게 아이의 상황에 따라 과하지 않은 범위 내에서 독서 습관이 정착되도록 노력해야 합니다. '리딩 존'이라는 말이 있습니다. 책을 읽는 공간, 책을 읽을 수 있는 상황을 말하는데 가정에도 아이만의 리딩 존이 필요합니다. 처음에는 익숙하지 않아 불편해할 수 있습니다. 하지만 꾸준히 반복하면 분명 아이에게 가장 편안한 장소가 될 거예요. 아이의 마음을 움직이기 위해 푹신한 의자를 둔다거나, 좋아하는 색깔의 조명을 두는 등의 노력도 필요합니다.

도움닫기 ④ 소리 내어 읽도록 해 주세요

소리 내어 읽기의 좋은 점은 아이가 제대로 읽는지 파악할 수 있다는 것입니다. 아이가 알맞은 속도로 읽는지, 의미 단위로 끊어 읽는지, 낱말을 오독하지는 않는지 알 수 있습니다. 오독이 많다면 아직 해독 단계에서 더 많은 연습이 요구됩니다. 소리 내어 읽기를 싫어한다면 엄마와 한 문장씩 혹은 왼쪽, 오른쪽 페이지를 번갈아 읽어 보세요. 외국에서는 '인형에게 책 읽어 주기'라는 활동을 한다고 합니다. 자신이 좋아하는 인형이나 캐릭터에게 책을 읽어 주며 읽기 유창성을 키워 나가는 방법입니다.

3

책 읽어 주기, 이야기 들려주기, 책 소개하기

직접 경험으로 전하는 책 읽어 주기의 효과

평범한 음식에도 감칠맛을 더해 주는 만능 소스가 있듯이 독서 교육에도 세 가지 만능 소스가 있습니다. 바로 책 읽어 주기와 이야기 들려주기, 책 소개하기입니다. 먼저 첫 번째 만능 소스인 책 읽어 주기에 관해 알아보겠습니다.

저는 책 읽어 주기에 관한 두 가지 경험이 있습니다. 하나는 학교에서 10년 이상 아침 독서 시간에 1~6학년 아이들에게 책을 읽어 준 경험입니다. 그 과정에서 저만의 책 읽어 주는 노하우도 생겼고 책 읽어 주기가 얼마나 대단한 것인지도 알게 되었습니다. 또 하나는 바로 제 아이에게 읽어 준 경험입니다. 아이가 태어나서 초등학교 3학년이 된 지금까지 10년간 읽어 주었습니다. 이 두 경험을 통해 말씀드리자면 책 읽어 주기야말로 가장 강력한 독서 교육입니다.

책 읽어 주기에는 다음과 같은 장점이 있습니다.

첫째, 능숙한 독자인 어른이 어떻게 책을 읽는지 보여 줄 수 있습니다. 또한 이해되지 않는 부분에서는 어떤 전략으로 읽기를 수정하는지도 보여 줍니다. 글을 읽을 때 정확하게 인물의 감정을 잘 살려서 읽는 것도 아이들이 꼭 배우고 익혀야 할 부분인데 책 읽어 주기는 이를 자연스럽게 알려 주는 장점이 있습니다.

둘째, 책을 읽고자 하는 내적 동기 부여에 도움을 줍니다. 몇 년 전, 반 아이들에게 《몽실 언니》(권정생, 창비, 2012)를 읽어 준 적이 있습니다. 당시 4학년 담임을 맡고 있었는데 우리 반 학생 중 한 명이 제 책상에 놓인 《몽실 언니》를 보고 무슨 책인지 궁금해했습니다. 줄거리를 이야기하려다 저는 아이들에게 첫 장만 읽어 주기로 마음먹었습니다. 읽기 전 아이들에게 이런 말을 하면서요. 이 말이 얼마나 큰 힘을 발휘할지 그때는 몰랐습니다.

"너희들, 이 책 많이 어려울 텐데."

그렇게 한 장을 다 읽은 후 "오늘은 여기까지만 읽을게." 하고 책을 덮었습니다. 애초부터 저는 책을 끝까지 읽어 줄 생각이 없었습니다. 왜냐하면 《몽실 언니》라는 작품을 이해하려면 6·25 전쟁부터 시작해서 알아야 할 배경지식이 많아 4학년 아이들에게는 어려울 거라고 판단했거든요. 그런데 일주일 뒤에 놀라운 일이 벌어졌어요. 우리 반 아이 26명 중 무려 13명이 《몽실 언니》를 사서 읽기 시작했습니다.

"선생님, 이 책 굉장히 재미있어요."

"어렵지 않아?"

"조금 모르는 부분이 있긴 한데요, 그래도 읽을 수 있어요!"

가만히 생각해 보니 제가 첫 장을 읽어 준 것과, 또 이 책은 좀 어렵다고 말한 것이 자극이 된 셈입니다. 이러한 경험은 책 읽어 주기 활동이 어려운 책에 도전하는 데 발판이 된다는 생각에 힘을 보태 주었습니다.

마지막으로 가장 자연스럽게 글자와 어휘를 습득할 수 있습니다. 어릴 때부터 꾸준히 책을 읽어 주기만 해도 아이는 글자에 익숙해집니다. 학습지나 문제집으로 한글 공부를 할 필요가 없습니다.

이렇듯 책 읽어 주기는 자연스러운 글 깨치기도 가능하게 하지만 초등학생에게는 자연스럽게 어휘력을 키우는 힘을 주기도 합니다. 어휘 공부를 위해 따로 문제집을 풀고 어휘 학습 만화를 보는 친구들이 있습니다. 하지만 책 읽어 주기를 통하면 어려운 어휘도 앞뒤 문맥을 살펴 가며 보다 더 의미 있게 학습할 수 있어 매우 유용합니다.

책 읽어 주기, 이렇게 실천해요

책 읽어 주기의 좋은 점을 알았다면 우리 아이 상황에 맞게 적용하고 실천할 일만 남겠지요. 아는 것과 행하는 것 사이에는 엄청난 간극이 있다는 것 아시지요? 아이에게 책 읽어 주기도 마찬가지입니다. 지금 당장 시작하고 꾸준히 해야 효과가 있지요. 저는 좋은 교육이 있으면 그대로 적용하는 것이 아니라 제 상황에 맞게 변용하려고 노력합니다. 이를 두고 어떤 전문가는 '자기화'라는 표현을 쓰더라고요. 자기화는 실천을 가능하게 해 주는 매우 유용한 방법입니다.

① 언제 할까요?

실천을 하려면 먼저 책 읽어 주기를 언제 할 것인지 정해야 합니다. 계획이 구체적이고 명확해야 움직일 수 있거든요. 일상이 얼마나 빠르게 휘리릭 지나가는지 알기에 이러한 계획이 더욱 필요합니다.

자기 전, 잠자리 독서도 추천합니다. 잠자리 독서로 부모와의 친밀감을 형성할 수 있습니다. 또한 자기 전 무언가를 상상하는 습관은 아이들의 창의력에도 도움이 됩니다. 우리 아이의 상황에 맞는 최적의 타이밍을 만들어 보세요.

② 어떻게 읽어 줘야 할까요?

책 읽어 주기의 목표는 공부가 아닙니다. 그러니 책 읽어 주기 활동을 하면서 계속 아이에게 내용을 아는지 묻고, 답하도록 강요하지 마세요. 그냥 자연스럽게, 읽어 주는 부모님도 책에 푹 빠져서 읽어 주어야 합니다. 구체적으로 말씀드리자면 적절한 속도로, 적절하게 끊어서 실감 나게 읽어 주세요.

학교에서 어머니 대상으로 강연을 할 때 "아이들에게 실감 나게 읽어 주세요."라고 말씀드렸더니 한 어머니가 "구연동화 자격증이 필요할까요?"라는 질문을 했습니다. 제 대답은 부모의 친숙한 말투로 읽어 주는 게 더 의미 있다는 것이었습니다. 부모의 목소리는 아이가 태아 때부터 듣는 가장 친숙하고 안정된 소리입니다. 가장 친숙한 사람의 소리를 들은 뇌가 더 활발하게 반응한다는 연구 결과도 있습니다. 엄마 아빠의 목소리로 읽어 주시되,

즐거운 마음으로 기꺼이 읽어 주세요. 아이와 함께 좋은 글을 읽는다는 생각으로 부모님도 책 속으로 풍덩 빠져 보세요.

③ 다양한 방법으로 책 읽어 주기

책 읽어 주기를 하는 동안 아이에게 다음과 같이 제안해 보세요. 왼쪽과 오른쪽 페이지를 번갈아 읽는다거나 역으로 아이에게 책을 읽어 달라고 해 보는 거예요.

학교에서 4학년 아이들과 함께 1학년 동생에게 책 읽어 주기 활동을 진행한 적이 있습니다. 우리 반 1번 학생과 1학년 1번 학생이 짝이 되어 책 읽어 주는 활동을 했지요. 동생들에게 선배로서 책을 읽어 준 활동은 잊을 수 없는 경험이 되었습니다. 어떤 책을 읽어 주면 좋을지, 어떻게 글을 또박또박 읽을지, 책 내용에 대해 무엇을 말해 줘야 할지 등을 고민하는 아이들을 보면서 특별한 독서 교육을 했다고 느낀 순간이었습니다. 이처럼 동생이나 부모님에게 책 읽어 주기를 통해 아이가 능숙한 독자로 성장할 수 있습니다.

아이가 낯가림이 심하거나 소심한 편이라면 음성 녹음 기능을 활용해 보세요. 카카오톡의 음성 메시지나 음성 녹음 앱을 이용해 하루 한 장 읽기를 연습시키는 방법도 좋습니다.

이야기 들려주기와 책 소개하기

두 번째, 세 번째 만능 소스는 이야기 들려주기와 책 소개하기입니다. 먼저 이야기 들려주기는 "옛날 옛날에……" 하고 구수하게 전달되는 할머니의 이야기처럼, 아이들에게 내가 알고 있는 재미난 이야기를 입말체로 들려주는 것입니다.

저는 주로 옛이야기를 들려줍니다. 아이들에게 옛이야기는 꽤 매력적입니다. 이야기 구조도 단순하고 권선징악의 통쾌함도 있으니 매우 집중해서 듣습니다. 아이들에게 옛이야기를 들려줄 때마다 '듣기 집중력을 키우는 데는 이만한 게 없구나!' 하고 늘 깨닫게 됩니다.

가정에서도 언제 어디서나 아이에게 옛이야기를 들려주세요. 〈도깨비와 개암나무〉, 〈선녀와 나무꾼〉, 〈복 타러 간 총각〉, 〈은혜 갚은 까치〉 등이요. 옛이야기 책 한두 권을 구비해 놓으세요. 미리 읽고 전체적인 줄거리를 익힌 다음 아이에게 들려주면 그야말로 이야기보따리를 갖고 있는 셈이 됩니다.

책 소개하기는 책에 대한 호기심을 불러일으킵니다. 한 분야의 책만 읽는 아이라면 다양한 분야의 책을 소개하면 좋고, 무슨 책을 읽어야 할지 모르는 아이에게는 책에 대한 가이드를 제공합니다. 이때 주의점은 부모님이 아이에게 권하는 책에 대해 어느 정도 사전 지식이 필요하다는 것입니다.

저는 동화 작가로서 저학년부터 고학년까지 다양한 동화책을 많이 읽었습니다. 그래서 아이들 독서 교육에 열성을 가진 분이라면 동화책을 많이 읽어 보라고 합니다. 제가 아는 분은 아이에게 추천할 책을 읽다가 수천 권의 동화책을 읽고 동화 작가가 되었습니다. 이처럼 부모님이 먼저 어린이 책에 관심을 갖고 아이에게 책을 알려 주세요.

부모님만 가이드로서 책 소개를 하는 건 아닙니다. 반대로 아이가 부모님께 책을 소개하는 경우도 있습니다. "엄마가 동화책을 읽고 싶은데 재미난 책 없을까?"라고 먼저 물어보세요. 제가 집에서 잘 사용하는 방법입니다. 그 질문을 받으면 아이는 머릿속으로 자신이 읽은 책을 떠올립니다.

'음, 내가 무슨 책을 읽었더라.'

'엄마한테 소개할 만한 책이 무엇이 있더라.'

아이는 자신이 읽은 책을 머릿속에서 꺼내어 보며 책 속에 담긴 이야기의 순서를 다시 생각해 보게 되고, 자신도 모르게 내가 왜 이 책을 읽었는지 점검해 보게 됩니다. 부모와 아이가 서로에게 책을 소개하는 것! 책 벗의 시작입니다. 오늘부터 우리 아이의 책 벗이 되어 주세요.

책을 좋아하는 아이로 만드는 방법

① 책 읽기를 우선순위에 두세요

'우리 아이가 책을 좋아하는 아이가 되었으면' 하는 바람이 있다면 오늘부터 그 바람대로 키우겠다고 단호하게 다짐해 보세요. 결심이야말로 행동력의 첫걸음입니다.

머릿속으로는 우리 아이가 책을 좋아했으면 하지만 현실적으로 잘되지 않을 때가 많습니다. 아이가 공부할 수 있는 시간은 한정적이다 보니 정작 중요하다고 생각하는 독서가 우선순위에서 밀릴 수 있습니다. 책을 좋아하는 아이로 만드는 것이 우선이라면 다른 공부에 대해서는 과감하게 결단을 내려야 합니다. 모든 학습에는 장단(길게, 짧게)과 강약(힘을 줄 때와 뺄 때)이 있습니다. 책 읽기가 핵심이라면 모든 공부에서 우선순위에 두어야 합니다.

② 세 가지 종류의 책을 적절하게 활용해 보세요

책에는 세 가지 종류가 있습니다. 아이의 수준보다 낮지만 흥미를 끄는 '흥미 책', 아이의 수준에 딱 맞는 '적기 책', 아이보다 수준이 높은 '도전 책'입니다.

'흥미 책'은 아이에게 책 읽기에 대한 부담감을 줄여 주고 즐거움을 주는 책입니다. 학습 만화도 좋습니다. 아이가 가볍게 읽을 수 있으면 됩니다.

'적기 책'은 우리 아이 학년에 딱 맞는 책입니다. 출판사마다 연령별 도서 수준을 달리하여 출간합니다. 저학년 문고, 중학년 문고, 고학년 문고 이런 식으로요. 책 표지나 책등을 잘 참고하면 우리 아이 수준에 맞는 적기 책을 금방 발견할 수 있습니다.

'도전 책'은 아이의 수준보다 높거나 아이가 잘 읽지 않는 책을 말합니다. 예를 들어 우리 아이가 이야기책만 읽었다면 과학이나 사회에 관한 지식 책이 도전 책에 해당됩니다.

아이가 책에 흥미가 없다면 흥미 책 비중을 높였다가 점점 적기 책으로 옮겨 가는 전략이 필요합니다. 아이가 적기 책을 읽는다면 이젠 도전 책으로 책의 비중을 조절해 보세요.

③ 독서 환경을 바꿔 보세요

책을 가지런히 꽂지 말고 아이가 볼 수 있게 책 표지가 정면으로 오게 해 두어야 합니다. 식탁에 책을 전시하듯 세워 두기도 하고 거실, 침대 옆 테이블에도 책을 놓아둡니다. '내 손안의 책'을 만든다는 마음으로 언제 어디서나 책이 손에 닿을 수 있도록 환경을 만들어 주세요.

저는 아이와 외출할 때도 꼭 책 두 권을 챙깁니다. 하나는 아이가 읽고 싶은 책, 하나는 제가 읽을 책이자 아이한테 읽어 주고 싶은 책입니다. 식당에서 대기 줄에 서서 기다릴 때, 음식이 나오기 전까지 아이는 제 가방에서 책을 꺼내 읽습니다. 이렇게 아이에게 책을 만날 기회를 자주 주어야 합니다.

④ '인생 책'을 만나게 해 주세요

아이가 첫눈에 반하는 책을 찾아야 합니다. 그러려면 자주 책을 빌려주고 서점에도 데리고 가야 합니다. 처음부터 한번에 아이가 푹 빠지는 책을 찾기는 힘듭니다. 책에 빠지게 만드는 마법 책을 찾는 데 노력을 기울여야 합니다. 독서를 싫어하는 남자아이라면, 자신의 관심 분야에 관한 책을 찾아서 읽게 하면 어떨까요? 축구를 좋아하는 아이가 일 년 내내 축구와 관련된 동화책이나 축구 선수를 다룬 이야기를 찾아 읽는 것을 보았습니다. 작가별로 찾아서 소장용으로 간직하는 아이들도 보았습니다. 시리즈 책, 예를 들어 박현숙 작가가 쓴 '수상한' 시리즈, 홍민정 작가의 《고양이 해결사 깜냥》 시리즈, 김리리 작가의 '떡집' 시리즈 같은 책을 찾아서 보는 친구들도 있습니다.

⑤ 발돋움 독서가 필요해요

아이들에게 다소 어려운 책이라도 누군가가 읽어 주기만 한다면 그 책에 흥미를 가질 수 있습니다. 아이가 책을 좋아하지 않는다면 이야기가 시작되는 첫 부분만이라도 읽어 주세요. 또 아이가 읽기를 멈춘다면 그다음 장부터 읽어 주세요. 독서 교육 현장에서 아이들을 가르치는 분이 이런 이야기를 했어요.

"아이들에게 읽어 주기만 하면 아주 어린 아이들도 컴퓨터 조립 방법에 관한 내용까지 모두 이해할 수 있답니다."

아이가 책에 호기심을 갖고 내용을 잘 이해하기 위해서는 책의 배경을 설명하거나 이야기를 간추려서 제공하는 부모님의 발돋움 독서가 필요합니다.

⑥ 책 벗을 만들어 주세요

좋아하는 친구가 있다면, 그 친구와 함께 책 벗 활동을 할 수 있게 해 보세요. 독서나 논술 학원에서 아이들이 만나서 책을 읽고 토론하는 것도 책 벗 활동입니다. 친한 아이에게 쑥스럽지만 "너희들, 책 같이 읽어 보지 않을래?"라고 제안하게 해 보세요. 아이들은 마음 맞는 친구랑 함께 무언가를 하는 그 자체를 즐기니까요.

⑦ 책과 관련된 재미난 이벤트를 만들어 보세요

저는 여행지에 가면 꼭 그 지역 서점에 가 봅니다. 아이는 "또 서점이야? 엄마는 서점만 좋아해!" 하는 반응을 보이죠. 그저 아이가 책을 더 좋아하게 되길 바라는 마음으로 꾸준히 서점에 다녔습니다. 그런데 어느 순간 아이가 자연스럽게 따라다니기 시작했어요. 그렇게 조금씩 관심을 갖게 된 건 무리하지 않고 자연스럽게 접했기 때문입니다.

방학을 이용해 꼭 책과 관련된 장소를 가 보시길 권합니다. 동네 서점도 좋습니다. 독립 서점, 도서관 행사, 작가와의 만남, 북스테이 장소도 좋아요.

4

'동시'로 배우는 읽기와 쓰기

아이와 함께 동시를 배워요

눈 내리는 날

사락사락

눈 오는 소리

사박사박

내 발소리

서벅서벅
엄마 발소리

사벅서벅
사벅서벅
우리가 눈과 친해지는 소리

—《초코파이 자전거》(신현림, 비룡소, 2019) 중에서

눈 오는 날, 아이와 함께 커다란 칠판에 적어 놓고 외운 동시입니다. 눈이 소복이 쌓이던 어느 날 아이와 함께 밖으로 나가 보았습니다.

사박서벅
사박서벅
우리가 눈과 친해지는 소리

아이와 함께 눈길을 걷는데 이 동시의 구절처럼 사박거리는 소리, 서벅거리는 소리가 났답니다. 눈으로, 입으로 공부한 내용

이 마음으로 다가오는 아주 귀한 경험이었습니다. 저학년 부모님이라면 꼭 아이와 동시를 배워 보세요. 동시를 아는 것이 왜 좋은지 알아볼까요?

① 아이의 말놀이, 어휘력 향상에 도움이 됩니다

동시에 나오는 의성어, 의태어를 살펴보면 아이들이 소리를 나타내는 다양한 말에 흥미를 느낄 수 있습니다. 〈가자 가자 감나무〉라는 우리 전래 동요에는 이런 구절이 있습니다.

가자 가자 감나무
오자 오자 옻나무
십 리의 절반인 오리나무
열아홉 다음에 스무 나무
방귀 뿡뿡 뀐다 뿡나무

아이와 함께 소리 내어 읽어 보면 참 재미있습니다. 재미있는 말놀이는 읽기에 대한 흥미를 높여 줍니다.

② 자신의 경험을 표현하는 좋은 방법입니다

동시를 읽고 외우고 낭송하다 보면 친숙해집니다. 누가 시키지 않아도 동시를 창작하기도 합니다.

시간

시간은 변덕쟁이

놀 땐 빠르고

공부할 땐 느리고

시간이 반대였으면

제 아이가 초등학교 2학년 때 지은 시입니다. 숙제하라는 엄마의 잔소리를 듣고 자기 마음을 꾹꾹 담아 표현한 시입니다. 이처럼 아이다운 찰나의 생각을 담을 수 있는 그릇이 동시입니다. 일기 쓰기를 힘들어하는 아이에게 이렇게 동시를 통해 자신의 생각과 마음을 표현할 기회를 주세요.

동시를 어떻게 가르쳐야 할까요?

가정에서 엄마와 함께하는 교육은 어렵게 접근하지 않아야 합니다. 그래야 엄마표 교육을 오래 할 수 있습니다. 쉽고 꾸준하게! 엄마표 수업에 꼭 필요한 규칙입니다. 물론 노력과 정성을 더 들인다면 그 효과가 배가되겠지만 힘든 과정이 누적되면 오래 하지 못하게 됩니다. 계획을 잡되 단순하게, 어렵지 않게, 꾸준히 하는 것이 엄마표 수업의 핵심입니다. 동시 교육도 마찬가지입니다. 지금부터 하나의 패턴이 되도록 다음과 같이 해 보세요.

동시 교육은 크게 동시를 외우는 것과 쓰는 것으로 나누어집니다. 먼저 동시를 외우는 것에 대해 알아보겠습니다. 1년이면 52주이니 한 주에 한 편 정도 외운다고 생각해 보세요. 그것만으로도 충분합니다. 동시 암송의 구체적인 방법은 이렇습니다. 정해진 요일에 화이트보드나 공책에 그 주의 동시를 적어 두세요. 그리고 아이와 틈날 때마다 들여다보며 확인하고 외웁니다. 같이 외워야 해요. 그래야 아이도 따라오거든요.

동시를 외우다 보면 길을 가다가 아이가 동시의 한 구절을 생각해 냅니다. 제 아이가 눈을 밟으면서 '사박서벅' 소리가 진짜 난다며 좋아했던 것처럼 말입니다. 배움과 삶이 하나가 되는 보람된 순간입니다.

다음으로 동시 쓰기입니다. 동시 외우기가 어느 정도 진행되면 아이 스스로 동시를 쓰도록 유도해 보세요. 커다란 칠판을 이용해서 자연스럽게 동시를 쓰게 해도 좋고요, 아이만의 동시 쓰기 공책을 따로 마련해 주어도 됩니다. 중요한 것은 아이가 쓰고 싶을 때 쓰게 하는 것입니다. 그리고 다 쓴 동시는 사진을 찍어 별도로 보관해 두세요. 그 시를 모아서 책 만들기 앱으로 출간을 해 주면 아이는 자기만의 동시집을 갖게 되지요.

5

가장 쉬운 글쓰기는 '내 경험 쓰기'이다

저학년 때 놓치지 말아야 할 글쓰기 원칙

한번은 저학년 담임 교사 경험이 풍부한 선생님 세 분께 질문을 드렸습니다.

"친구의 아이가 초등학교에 입학했는데 글자를 전혀 쓸 줄 모른다고 걱정해요. 제가 괜찮다고 이야기해도 주변 아이들은 다 쓸 줄 아는데 자기 아이만 쓸 줄 모른다며 하소연을 하네요. 어떻게 생각하세요?"

제 질문에 선생님들은 전혀 문제 될 게 없다는 공통된 의견을 주셨습니다. 오히려 한 분은 이렇게 대답했습니다.

"학습지로 한글을 배웠거나 기계적으로 글씨 쓰기를 배운 아이들을 보면 획순도 틀리고 글씨체도 엉망인 경우가 있습니다. 작년에 맡은 아이 중 글자를 전혀 쓸 줄 모르는 아이가 있었는데 학년 말에 우리 반에서 글씨를 가장 바르게 쓰고 글도 잘 쓰는 아이로 성장한 모습을 봤어요. 그러니 그분께 걱정하지 말라고 해 주세요."

선생님의 말에 다른 두 분도 고개를 끄덕였습니다. 우리 아이가 다른 아이보다 처진다고 불안해하거나 조급해할 필요가 없다는 이야기입니다.

저학년 글쓰기 원칙 첫 번째는 '조급함을 버려라'입니다. 미리 일기 쓰기를 가르쳐야 할까요? 책을 읽었는데 독서록 한 줄이라도 써야 하지 않을까요? 논술은 언제 가르쳐야 할까요? 맞춤법 공부는 따로 해야 할까요? 저학년 학부모님도 쓰기를 둘러싼 고민이 참 많습니다. 하지만 초등 저학년 때만큼 글쓰기를 편하게 하는 시기도 없습니다. 학교에서 배우는 과정에 맞게 담임 선생님이 내주는 과제를 따라오면 됩니다.

저학년 글쓰기 원칙 두 번째는 '쓰기에 대한 흥미를 놓치지 마라'입니다. 쓰기는 매일 강제적으로 해야 하는 일이 아니라 나를 즐겁게 해 주는 활동이라는 생각을 심어 줘야 합니다. 생일날 축하 카드를 쓰게 하거나 요구 사항이 있을 때 글로 써 보도록 하는 활동이 여기에 속합니다. 예를 들어 아이가 텔레비전을 보고 싶다고 하면 "보고 싶은 이유를 세 가지만 적어서 보여 줄래?" 이렇게 주문을 하는 것입니다.

또 마트에 가기 전 사야 할 물건 목록을 같이 작성하거나 자신이 사고 싶은 물건 목록을 적게 하는 것도 좋습니다. 동시의 일부분을 지워서 여기에 어떤 내용이 들어가면 좋을지 같이 고민하기도 하고요. 아이에게 글쓰기가 우리 삶에 유용하다는 것, 쓰기는 재미있는 활동이라는 것을 알게 해 주는 것이 핵심입니다.

학교에서 배우는 글쓰기

제 아이가 1학년 1학기를 마칠 때쯤이었습니다.

"엄마, 우리 그림일기 배운다!"

저는 모른 척하고 물었습니다.

"어머! 일기 쓰기를 배우는구나! 어때? 재미있어?"

"응. 선생님이 잘 쓴 일기를 보여 주셨어! 나도 그렇게 쓸 수 있을 것 같아."

이때 제가 아이에게 해 준 것은 예쁜 토끼 그림이 들어간 그림 일기장을 골라서 사 준 것뿐이었습니다. 읽기와 쓰기는 개인차가 큰 분야입니다. 그렇다고 선행이 필요한 분야도 아닙니다. 시기에 맞게 관심을 갖고 아이가 어려워하는 부분이나 관심 있어 하는 부분을 조금 더 지켜봐 주고 도와주면 됩니다.

그렇다면 왜 학교에서 기초 쓰기를 똑같이 가르치는데 아이들의 글쓰기 실력은 차이가 나는 걸까요? 이것이 부모님들의 가장 큰 걱정일 것입니다. 저는 "배웠지만 익히지 못했다."라는 결론을 내렸습니다. 글을 쓰는 방법은 배웠지만 그것을 자기 것으로 충분히 소화하는 과정이 부족했다는 것입니다.

아이들은 1학년 1학기 말에 일기 쓰기를 배우고 꾸준히 글을 쓰다가도 2학년에 올라가서는 일기 쓰기를 중단하기도 합니다. 쓰기 연습이 더 필요한 아이들이 계속 부족한 상태로 누적되는 것입니다. 학교와 가정 모두 아이의 글쓰기 수준을 파악해서 부족한 부분이 없도록 해야 합니다. 학교에서는 교육 과정을 기준으로 아이의 부족한 부분을 살펴볼 수 있는데 이것이 가정에서도 마찬가지로 좋은 기준이 될 수 있습니다.

다음은 초등학교 1, 2학년 쓰기 성취 기준입니다.

· 글자를 바르게 쓴다.

· 자신의 생각을 문장으로 표현한다.

· 주변 사람이나 사물에 대해 짧은 글을 쓴다.

· 인상 깊었던 일이나 겪은 일에 대한 생각이나 느낌을 쓴다.

· 쓰기에 흥미를 가지고 즐겨 쓰는 태도를 지닌다.

초 1, 2학년 쓰기에 필요한 요소는 글씨 바르게 쓰기, 완성된 문장 쓰기, 짧은 글 쓰기, 경험에 관한 생각이나 느낌 쓰기, 쓰기에 대한 흥미 갖기입니다. 이는 저학년 아이가 어떤 부분을 어려워하는지, 무엇이 필요한지를 가늠해 볼 수 있는 중요한 기준입니다. 그렇다면 가정에서는 이 기준을 토대로 무엇을 어떻게 가르쳐야 할까요?

가정에서의 글쓰기 지도 방법

국어를 좋아했던 한 아이가 학년이 올라가자 과목 중에 국어가 가장 싫다고 말했습니다. 이유를 물어보니 "써야 할 게 많아서요."라는 답변이 돌아왔습니다. 쓰기가 강제될 때, 의무일 때, 과하게 주어질 때 아이들은 쓰기 경험을 부정적으로 인식하게 됩니다. 부정적인 경험은 쓰기와 멀어지는 계기가 되기도 합니다.

쓰기는 개인차가 있지만 어렵고 힘든 일이 아니라는 것, 즉 긍정적인 경험을 먼저 쌓아야 합니다.

매일 일기를 쓰는 아이가 있습니다. 아주 기특한 일입니다. 실제로 그 아이의 글을 읽어 보면 매끄럽고 또래 아이들보다 긴 글을 술술 잘 씁니다. 하지만 쓰기에 대한 그 아이의 생각은 매우 부정적이었습니다. "쓰기가 너무 힘들어요. 하기 싫어요."라며 하소연할 때가 많았습니다. 아이의 엄마는 초등학교 1학년 때부터 4학년이 될 때까지 아이를 붙잡고 매일 일기를 쓰라고 했다고 합니다. 그 결과 아이는 기계적으로, 억지로 쓰고 있었습니다.

쓰기를 힘들어하지 않게 하려면 어떻게 해야 할까요? 모든 일에는 단계가 있습니다. 쓰기도 마찬가지입니다. 초등학교 2학년 학생이 논술을 잘 쓸 수는 없습니다. 아동의 발달 단계에 따라 쓰기를 차근차근 가르쳐야 합니다.

아동 글쓰기의 선구자였던 이오덕 선생님은《이오덕의 글쓰기》(양철북, 2017)에서 글쓰기의 본질이 무엇인지 말해 주었습니다. 선생님은 삶과 동떨어진 글은 죽은 글이라고 말했습니다. 그러니 살아 있는 글쓰기로 아이가 기꺼이 즐겁게 쓸 수 있도록 해야 한다고 말합니다. 그렇다면 아이의 일상과 밀접한 생생한 글쓰기는 어떻게 해야 하는 걸까요?

① 쓰고 싶어지는 매력적인 도구를 제공하라

저희 집에는 학원에서 쓰는 커다란 칠판이 있습니다. 가로 120cm, 세로 80cm나 되지요. 저희 집을 방문한 사람들은 무슨 가정집에 이렇게 큰 칠판이 있냐며 놀라워합니다.

이 칠판의 용도는 다양합니다. 주로 하는 것은 해야 할 일을 작성하는 것입니다. 공휴일이나 방학이 되면 그날 하루 학원 스케줄이나 약속에 따라 조금씩 할 일이 달라집니다. 저와 아이는 화이트보드 칠판에 서로 그날 해야 할 일을 적으며 공유합니다.

가끔은 칠판이 아이의 커다란 공책이 되기도 합니다. 아이는 자신이 배운 내용이나 영어 단어를 적기도 하고 수학 문제를 풀기도 합니다. 최근에는 동시를 지어 적기도 합니다. 저는 제 아이가 저학년이었을 때 월요일마다 칠판에 동시 한 편을 적어 두었습니다. 큰 칠판이 아니어도 좋습니다. 틈날 때마다 아이와 함께 무언가를 적을 수 있는 공간을 마련해 보세요. 그것이 일상적인 글쓰기의 시작입니다.

② 서로 글 주고받기

코로나19가 막 유행하기 시작했을 때 아이가 초등학교 입학을 했습니다. 근 2년간 코로나19 시기를 겪으면서 아이는 많이 불안해하고 힘들어했습니다. '긴급 돌봄'에 가는 동안 "친구들은 오지 않는데 왜 나만 학교에 가야 해?"라며 불만을 토로하기도 했습니다. 그 시간을 버티게 해 준 건 아이와 저만의 소통 메모장이었습니다.

"엄마! 오늘은 두 장 써야 해?"

"음, 네가 답장을 하면 두 장 써 줄게!"

저는 소통 메모장을 시작하면서 처음부터 아이에게 답장을 달라는 말을 하지 않았습니다. 하지만 때를 노리고 있었죠.

"응, 알았어!"

엄마의 응원 메시지를 많이 받고 싶은 욕심에 아이는 메모장에 답장을 쓰기 시작했습니다. 이렇게 글을 통해 힘든 코로나19 시기를 잘 이겨냈습니다.

서로 글을 주고받는 것은 단순히 쓰기 교육을 위한 것이 아닙니다. 마음을 통하는 일이며, 소통을 위해 '쓰기'라는 유용한 수단을 활용하는 것입니다.

6학년 담임을 할 때, 우리 반에는 모범생 재준(가명)이가 있었습니다. 재준이는 사춘기를 겪고 있었는데, 한번은 저에게 최근 엄마와 말다툼을 한 일을 이야기했습니다. 하지만 다음 날 '소통장'에 사과의 마음을 표현했다고 하더군요. 소통장이 뭐냐고 물었더니 1학년 때부터 엄마와 서로 마음속 대화를 나누기 위해 쓰는 공책이라고 하더라고요. 나중에 어머니께 소통장에 관해 물었더니 본인이 한 아이 교육 중에서 가장 잘한 것이 소통장 쓰기였다고 하셨어요. 힘든 시기를 부모의 격려와 지지로 이겨 내는 아이를 보면서 내면이 튼튼한 아이로 키우는 가장 좋은 방법은 결국 꾸준하게 마음속 대화를 나누는 것임을 알게 되었습니다.

오늘부터 우리 아이와 마음속 대화 일기, 소통장을 써 보는 건 어떨까요?

③ 자기만의 노트를 가져라

엄마인 제게도 다양한 노트가 있습니다. 하루 일과를 쓰는 스케줄러, 아이 공부를 연구하는 공부 로드맵 노트, 독서와 글쓰기에 관한 논문을 요약한 공부 노트, 나의 꿈을 적는 드림 노트, 매일 한 장씩 쓰는 하루 노트 등이 있습니다. 이름도 용도도 다 다릅니다. 제가 이렇게 노트 쓰기를 일상화하니 아이도 따라 하기 시작해 스케줄러부터 궁금이 노트(질문 노트), 오늘 뭐 했지 노트, 영어 노트, 만화 노트를 만들었습니다.

아이가 신나게 쓸 수 있는 노트를 다양하게 준비해 주세요. 저는 책을 사러 대형 서점을 가면 꼭 문구 코너에 갑니다. 문구점에서 마음에 드는 노트를 사는 것을 하나의 재미있는 놀이처럼 했습니다. 쓸 주제와 쓸 거리를 적을 자기만의 도구만 있어도 아이는 무언가를 끄적거릴 준비가 되어 있는 거예요.

6

1, 2학년 말하기 문해력: 분명하게 말하기

잘 말하려면 잘 들어야 합니다

번쩍번쩍 손을 들고 "저요! 저요!" 하며 서로 발표하겠다고 하는 아이들로 북적거리는 이곳은 어디일까요? 바로 저학년 교실입니다. 그런데 저학년이라고 이런 아이만 있는 건 아닙니다.

기질적으로 소심하고 예민한 아이, 완벽주의 성향이 있어 교실에서 절대 손을 들지 않는 아이, 발표를 시키면 개미만 한 목소리로 웅얼거리다가 앉는 아이도 있습니다. '우리 아이가 그래요.'

라고 생각하는 분도 있겠죠. 사실 제 아이도 그런 아이였어요. 틀리는 것을 정말 싫어해서 약간의 강박이 있는 아이, 아주 예민하고 소심해서 선택적 함묵증으로 오해받았던 아이입니다.

말하기 문해력에 관심을 갖게 되면서 제 아이처럼 말하기 능력이 기질적으로 부족한 아이를 주목하게 되었습니다. 코로나19를 겪으면서 '마스크 안으로 감춰 버린 목소리와 얼굴로 인해 말하기 능력, 의사소통 능력이 점점 퇴화하는 것이 아닌가?' 라는 의문도 들었습니다.

기질적으로 말하기를 주저하는 아이들을 시간이 지나면 저절로 해결된다며 내버려 둘 수는 없습니다. 아이의 사회성을 위해 원인과 해결책을 찾아야 합니다. 또한 의사소통 도구로서 말하기 능력을 키울 수 있는 방법에는 무엇이 있는지 잘 살펴보고 실천해야 합니다.

말하기를 잘하려면 듣기 능력이 중요한데 예전에 비해 요즘 아이들의 듣기 실력이 많이 떨어졌다는 것을 체감합니다. 아이에게 무언가를 보여 주지 않고 말로 설명할 때 아이들이 "선생님, 다시 이야기해 주세요." "뭐라고요?" 하고 되묻는 경우가 많아졌습니다. 간단한 지시 사항도 아이들은 몰라서 헤맵니다.

잘 말하기 위해서는 잘 듣는 것이 우선입니다. 매끄러운 의사소통을 위해서도 중요합니다. 가정에서도 아이들이 잘 듣는 것,

즉 경청이 중요함을 보여 주어야 합니다.

저는 쉬는 시간에 아이들이 와서 불만 사항을 이야기하거나 저에게 뭔가 부탁을 할 때면 항상 몸을 돌려 그 아이 쪽을 바라보며 듣습니다. '선생님이 온몸으로 너의 이야기를 듣고 있어!' 라는 제스처를 보여 주는 것입니다. 그리고 아이들이 제대로 듣지 않을 때마다 이렇게 물어봅니다.

"선생님은 너희들이 이야기할 때 어떻게 하지?"

그러면 아이들은

"열심히 들어 주세요!"

이렇게 대답합니다. 그 말을 한 번 더 강조하면 그게 '경청'이라고 말합니다.

가정에서도 마찬가지입니다. 아이와 대화하기 전, 온몸으로 들어 주세요. 그리고 아이가 집중해서 들을 수 있도록 지도해야 합니다. 딴짓을 하거나 건성으로 듣지 않도록 말입니다. 듣기 훈련이 된 아이들이 학교 수업 시간에도 집중력 있게 잘 듣습니다.

말하기 훈련을 해 보세요

아이가 말하기에 문제가 있다면 고쳐 나갈 수 있도록 가정에서 꾸준히 지도해야 합니다. 지도라는 것은 특별한 게 아닙니다. 가정생활에서 대화를 통해 자연스럽게 이루어지는 것입니다.

① 습관어가 있다면 고쳐 주세요

어, 근데, 있잖아 등 아이에게 말버릇, 즉 습관어가 있다면 꾸준히 지도해서 고칠 수 있도록 해야 합니다. 습관어가 고착될 경우 학교에서도 그 말버릇이 이어집니다.

제가 가르쳤던 학생 중에 발표할 때마다 "있잖아요."로 시작하는 아이가 있었습니다. 그 아이가 발표할 때마다 친구들이 "있잖아요."라는 말을 하지 말라고 아우성이었습니다. 친구의 말습관을 지적하는 아이들에게 주의를 주었지만 친구들에게 지적을 당한 아이는 위축되는 모습을 보였습니다.

이럴 때는 가정과 학교에서 아이의 말하기 습관을 체크해 보고 자신에게 어떤 말 습관이 있는지 아이 스스로 알고 고치기 위해 의식적으로 노력해야 합니다. 이때 부모님은 아이가 위축되지 않고 여러 번 연습하며 조금씩 나아질 수 있도록 독려해 주어야 합니다.

② 다시 들려주기

아무래도 아이들은 자신이 본 것, 들은 것, 알게 된 것을 논리적으로 말하지 못합니다. 저학년 아이라면 더욱 그렇겠지요.

"그 책 어때?"라는 질문에 아이들은 대부분 "재미있었어요."라고 단답형으로 말합니다. 이때 부모님은 아이의 반응에 좀 더 살을 붙여서 이야기를 다시 들려주어야 합니다.

"그 책 주인공이 장난꾸러기라서 재미있었구나!"

"신기한 물건을 파는 이야기라서 재미있었구나!"

이렇게 살을 더 붙여서 좀 더 그럴듯한 이유를 말할 수 있게 알려 주세요. 그럼 아이는 부모의 되돌림 말을 잘 기억했다가 다음에 조금 더 살을 붙여 이야기할 수 있습니다.

③ 자신감을 키워 주세요

말하기는 결국 자신감 문제이기도 합니다. 위축되고 자신이 말을 못한다 생각하면 더욱 못하지요. 《나만 그래요?》(진희, 라임, 2019)라는 동화책의 주인공 여은이는 매우 소심하고 부끄러움이 많은 아이입니다.

"손을 높이 드는 건 정말로 어려워요! 저요! 하고 모두에게 들리도록 큰 소리로 말하는 것도요.

그러면 선생님이랑 반 아이들이 나를 쳐다볼 테이지요? 여러 사람이 한꺼번에 나를 쳐다보게 되는 순간! 생각만 해도 머리가 하얘져요.

그뿐만이 아니예요.

얼굴은 체리보다 더 빨개지고요. 가슴속에선 동동동동! 둥둥둥둥! 북소리가 마구 울려 대요. 입은 꼭 붙어서 아무 말도 안 나오고요. 두 손은 저희끼리 꼼지락꼼지락.

나만 그래요?

소심하고 자기표현이 부족한 여은이는 학교생활을 하면서 힘든 일을 겪습니다. 혼자 우유 당번 일을 하다가 실수를 하기도 하고요. 그럴 때마다 특별한 주문을 알려 준 마음씨 좋은 교장 선생님 덕분에 점점 용기를 냅니다. 교장 선생님은 마음의 창문을 조금 열어 보라는 이야기도 하지요. 그건 다른 아이들이 내 안에 들어올 수 있도록 용기를 내라는 이야기가 아닐까요?

말하기를 힘들어하는 아이가 있다면 용기를 북돋아 주세요. 아이가 말한 것 중에 잘한 것을 콕 집어서 이야기해 주세요. 목소리는 작았지만 내용이 좋았다면 그 부분을 꼭 말해 주세요. 차츰 마음의 창문을 열 수 있도록 말입니다.

7

똑똑한 미디어 생활: 1, 2학년

미디어에 관한 부모의 고민

태어나면서부터 스마트한 세상에서 손바닥만 한 기기로 세상을 보는 아이들, 이런 아이들을 디지털 키즈 혹은 디지털 네이티브(원주민)라고 말합니다. 디지털 기기의 등장으로 얻는 혜택도 있지만 부모로서는 걱정이 앞섭니다.

"아이가 게임을 너무 좋아해요."

"친구들은 다 게임을 하는데 왜 나만 못 하게 하냐고 그래요!"

"유튜브를 너무 오래 봐요. 못 보게 하면 그때부터 전쟁이 시작됩니다."

아이가 유치원에 다닐 때에는 고민하지 않았던 일들을 초등학교에 입학하면서 새롭게 맞닥뜨리게 됩니다. 반에 스마트폰을 들고 다니는 친구들이 생기면서 스마트폰을 사 달라는 아이들, 친구가 게임하자고 하는데 나는 할 줄 몰라 친구 사이에 낄 수 없다며 게임을 하게 해 달라는 아이들이 생깁니다.

이런 고민을 하게 되는 부모님은 속상합니다. 게다가 딱히 '이럴 땐 이렇게!'라는 처방이 있는 것도 아닙니다. 집집마다 사정이 다르고 대처 방식도 다릅니다. 어떤 집은 하루 30분 정도는 게임을 허용합니다. 또 어떤 집은 "게임은 절대 안 돼요!"라는 이야기를 하죠. 무엇이 기준인지, 올바른 미디어 사용법은 있기나 한 건지 궁금합니다.

한국언론진흥재단에서 발표한 〈2020 어린이 미디어 이용 조사〉에 따르면 만 3~9세 어린이의 텔레비전, 스마트폰, 태블릿 피시, 컴퓨터 등의 이용 시간이 하루 평균 284.6분이며 연령이 높을수록 시간이 증가했다고 합니다. 또 부모님들은 자녀의 미디어 이용에 있어 부적절한 언어 학습, 무분별한 광고 노출, 콘텐츠의 폭력성 등을 염려하는 것으로 조사되었습니다.

이는 모두가 염려하는 문제입니다. 그렇다고 무조건 차단하는 것만이 능사는 아닙니다. 아이가 초등학교에 입학했다면 '미디어를 어떻게 사용할 것인가?'에 대한 부모 나름의 가이드를 갖고 있어야 합니다.

저학년 미디어 교육, 어떻게 하죠?

2019년 교육부에서는 '학교 미디어 내실화 지원 계획'을 발표했습니다. 휴대폰 사용의 저연령화, 1인 미디어 확산 등의 시대적 흐름을 반영해 학교에서도 체계적으로 미디어 교육을 해야 한다는 목소리를 반영한 것입니다. 이 계획의 목적은 아이들이 다양한 미디어 제작 활동을 하고 미디어를 책임감 있게 활용하는 데 있습니다. 현재 초등 교육 과정에서 미디어 교육은 5, 6학년에 집중되어 있습니다. 하지만 최근에는 다양한 단체가 미디어 교육을 더 강화하자는 쪽으로 목소리를 높이고 있습니다. 저학년 때 이루어지는 미디어 교육에서는 무엇이 중점이 되어야 할까요?

첫째, 미디어란 무엇이고 어떻게 활용할 수 있는지 알아보는 활동입니다. 아이에게 가정에서 사용하는 미디어 기기는 무엇이 있는지 알려 주고 이 기기를 통해 우리가 어떻게 생활에 필요한 지식과 지혜를 얻는지 보여 주는 것입니다. 예를 들어 다양한 동물의 서식지, 먹이, 습성 등을 다룬 영상 자료를 찾아 살펴보는 방법을 알려 주는 거죠.

아이가 좋아하는 동물은 무엇인지 물어보고 그 동물에 대한 정보를 찾을 방법을 생각해 보자고 해 보세요. 아마 아이는 집에 있는 그림책이나 학습 만화 제목을 말할 거예요. 그다음으로 노트북이나 태블릿 피시, 스마트폰 등 집에 있는 다양한 기기를 통해 동물에 관한 영상 자료를 찾아볼 수 있다는 것을 알려 주세요. 이때 자신에게 필요한 정보를 쉽게 찾을 수 있는 미디어의 순기능을 알게 해 주세요.

둘째, 올바른 미디어 사용법을 알려 주세요. 올바른 미디어 사용법에는 여러 가지가 있겠지만 그중 아이와 가장 관련 있는 내용으로 온라인 언어 예절, 개인 정보 유출, 저작권 이해가 있습니다. 이러한 내용은 어릴 때부터 익혀야 합니다. 아이가 카카오톡 등을 통해 메시지를 보낼 때 어떤 예절을 지켜야 하는지 알려 주세요. 상대가 보이지 않는 만큼 배려하는 글쓰기가 필요하다는 점을 강조하고 무의미한 '폭탄 메시지'를 보내지 않도록 해야 합니다. '악플'을 남기거나 온라인 언어 폭력을 하지 않도록 지도하고 나뿐만 아니라 다른 사람의 신체를 함부로 촬영해서 보내는 것은 잘못된 행동임을 반드시 알려 줘야 합니다.

미디어 교육을 할 때 '아이가 당연히 알고 있을 것'이며 '아이가 나쁜 행동을 하지 않을 것'이라고 생각해서는 안 됩니다. 미디어 세상에서의 아이는 처음 책을 읽는 아이와 같다고 봐야 합니다. 올바른 미디어 사용 규칙에 대해 아이와 이야기를 자주 나누어 보고 서로 기본적인 권리를 침해하지 않고 보호할 수 있도록 해 주세요.

마지막으로 책임 있는 미디어 사용 태도를 키워 주세요. 저학년 아이들은 아직 스스로 통제하고 자제하는 능력이 부족합니다. 이럴 때 과도한 미디어 사용은 자칫 그 미디어에 대한 의존성을 높이게 됩니다. 이에 따라 스마트폰 중독, 게임 중독과 같은 문제가 생길 수 있습니다. 스마트폰 사용 시간 규칙을 함께 만들어 지킬 수 있도록 가족 모두 노력해야 합니다. 만약 이러한 문제가 심각하다면 전문 기관을 통해 적극적인 상담으로 개선해야 합니다.

미디어 사용 규칙을 정해 보세요

아이가 저학년일 때 가정에서 해야 하는 가장 핵심적인 미디어 교육이 무엇이냐고 제게 묻는다면 미디어 사용 규칙을 정하는 것이라고 답할 것입니다. 저학년때는 아이 혼자 규칙을 정하고 혼자 지키게 하는 것이 큰 효과가 없습니다. 가족이 모두 동참해 규칙을 만들어야 합니다. 공신력 있는 단체에서 제시하는 가이드를 참고하여 우리 집만의 미디어 사용 규칙을 만들어 보는 건 어떨까요?

《포노 사피엔스 어떻게 키울 것인가》(마이크 브룩스·존 래서, 김수민 옮김, 21세기북스, 2021)에서는 미디어를 균형 있게 사용하는 법을 제시합니다. 저자는 예방이 매우 중요하다고 생각하여 자녀의 미디어 사용에 관한 실천적인 방안을 제시합니다. 이 방안은 자녀뿐만 아니라 부모에게도 모두 적용된다는 점에서 가족 간에 지켜야 할 미디어 사용 규칙이라고 볼 수 있습니다. 저자는 일상생활에서, 가정에서, 여행할 때로 나누어 미디어 사용법을 권고합니다. 몇 가지 예시를 보자면 다음과 같습니다.

· 벨 소리, 진동음, 푸시 알림은 최대한 끈다.

· 스크린은 한 번에 하나씩만 본다.

· 많이 사용하거나 꼭 필요할 때가 아니면 기기를 치워 둔다.

· 텔레비전, 컴퓨터, 게임기 등 디지털 기기는 모두 침실 바깥에 둔다.

· 자기 방에서 밤에 휴대 기기를 사용할 때는 반드시 정해진 시간을 지킨다.

· 저녁을 포함한 식사 시간에는 휴대폰을 사용할 수 없다.

대단한 규칙은 아니지만 꼼꼼하게 읽어 보면 우리 가정에 도움이 될 만한 부분이 있습니다. 이렇게 단순하면서도 명확한 규칙이 필요합니다.

미디어 사용법에 관한 명확한 기준과 가족 간 합의가 없다면, 미디어 사용을 둘러싼 부모와 자녀 간의 갈등은 심화될 수 있으며 아이들에게 혼란을 가중시킬 수 있습니다. 가정에서 자녀가 책임 있게 미디어를 활용하고 관리할 수 있도록 지도해야 합니다. 이러한 활동은 모든 문해력 발달을 위해 반드시 선행되어야 합니다. 미디어 사용 절제를 통해 자신에게 주어진 시간을 생산적으로 활용하고 계획할 줄 아는 아이로 성장시켜야 합니다.

 **초등 문해력 LEVEL UP**

우리 집 미디어 사용 규칙 정하기

이런 규칙 어때요?

1. 다음 장소에서는 스마트폰을 사용하지 않아요.
   식사 자리, 침대, 놀이터 등
2. 가족과 함께 스마트폰을 하지 않는 시간을 정해요.
3. 스마트폰을 거실에 두고 자요.
4. 게임은 정해진 시간에만 해요.
5. 이동할 때는 스마트폰을 가방 속에 넣어요.

우리 집에서 정한 규칙 3가지

1. ....

2. ....

3. ....

초등 핵심 문해력

한 페이지 요약

❶ 저학년, 독서 습관이 최우선이다

· 학습량도 적고, 게임이나 미디어의 절대적 노출량도 적은 이 시기! 탄탄한 독서 습관을 만들기에 가장 좋은 시기입니다.

· 탄탄한 독서 습관을 갖추기 위해서는 습관의 네 가지 원칙을 잘 활용해야 하며 그중 한 번에 한 단계씩 천천히 습관 만들기, 넛지, 즉 부드러운 개입으로 습관 만들기를 권합니다.

❷ 초등 저학년은 읽기 유창성을 키우는 시기이다

· 초등 저학년 때 꼭 갖춰야 하는 것은 글 깨치기와 읽기 유창성입니다. 읽기 유창성은 글을 정확하게, 빠르게, 간단한 문장 부호를 살려서 실감 나게 읽는 것을 말합니다.

· 읽기 유창성을 키우는 방법으로 재미있는 책을 자주 읽어 주기, 독서에 대한 긍정적인 경험을 심어 주기, 매일 책 읽기, 소리 내어 읽기 등이 있습니다.

❸ 책 읽어 주기, 이야기 들려주기, 책 소개하기

· 책 읽어 주기는 아이보다 능숙한 독자인 어른이 어떻게 책을 읽는지를 보여 주는 것으로, 가장 자연스럽고 효과가 좋은 독서 교육 방법 중 하나입니다.

· 이야기 들려주기는 가장 매력적인 독서 교육입니다. 들려주기는 집중해서 듣는 힘을 키워 줍니다.

· 책 소개하기는 아이가 책에 관심을 가지게 하는 데 유용한 방법입니다.

❹ 동시로 배우는 읽기와 쓰기

· 동시는 말의 재미를 느끼게 해 주며 어휘력 향상에도 도움을 줍니다.
· 동시 쓰기는 아이의 생각과 마음을 표현하는 글쓰기입니다.
· 아이와 함께 일주일에 1편, 52주 동시 외우기에 도전해 보면 좋습니다.

❺ 가장 쉬운 글쓰기는 내 경험 쓰기이다

· 저학년 글쓰기의 원칙은 '조급함 버리기' '쓰기에 대한 흥미 갖기'입니다.
· 아동의 발달 단계에 맞게 글쓰기를 단계적으로 밟아 나가야 합니다. 이를 위해 가정에서 할 일로는 아이가 틈날 때마다 글을 쓸 수 있는 도구 마련하기, 부모와 글 주고받기, 아이만의 다양한 노트 준비하기가 있습니다.

❻ 1, 2학년 말하기 문해력: 분명하게 말하기

· 말하기를 잘하기 위해서는 잘 듣는 것이 우선입니다. 가정에서도 경청의 중요성을 가르쳐야 합니다.
· 습관어 고치기, 내용을 늘려서 다시 들려주기, 아이의 이야기 중 좋았던 부분 말해 주기 등을 통해 말하기 연습을 해 보세요.

❼ 똑똑한 미디어 생활: 1, 2학년

· 저학년 미디어 교육의 핵심은 미디어를 체험해 보고 어떻게 이용하고 감상할 것인가를 알려 주는 데 있습니다.
· 저학년 때부터 가정에서 미디어 사용 규칙을 정해 현명하게 활용해야 합니다.

(3장)

초등 핵심 문해력의 성장 : 3, 4학년

1

부모와 함께 온 작품 읽기

온 작품 읽기가 뭐지?

'온 작품 읽기'라는 말을 들어 본 적이 있나요? 독서 교육이 강화되면서 '한 학기 한 권 읽기'가 교육 과정에 도입되었습니다. 한 학기 한 권 읽기처럼 온 작품 읽기는 온전한 책 읽기, 즉 책 한 권을 '제대로 읽자'는 취지에서 나온 학교 현장 독서 교육입니다. 하시모토 선생님의 이야기를 담은 《슬로 리딩》(하시모토 다케시, 장민주 옮김, 조선북스, 2012)의 내용과 비슷한 면이 있지요. 하시모토 선생님은 3년간 《은수저》(나카 칸스케, 양윤옥 옮김, 작은씨앗, 2012)라는 소설책 한 권으로 아이들을 교육했습니다. 슬로 리딩의 효과는 대단했고, 도쿄대 합격률 1위로 이어져 큰 반향을 일으켰습니다. 그런데 일본의 이러한 교육 사례가 들어오기 전부터 우리나라 교육에서도 슬로 리딩과 비슷한 온 작품 읽기 활동이 이루어지고 있었습니다.

온 작품 읽기는 작품 전체를 통으로 읽고 이해하기 때문에 그 작품이 전하는 메시지나 의미를 파악하는 데 유리합니다. 교과서에 실린 작품을 보면 몇 가지 아쉬운 점이 있습니다. 가장 아쉬운 것은 책의 일부만으로 해당 목표에 맞게 도구적으로 아이들을 가르쳐야 한다는 점입니다. 아이들이 작품을 끝까지 읽고 작가가 전하고자 하는 메시지와 작품을 관통하는 울림을 배우는 기회가 없는 것이 아쉬웠습니다.

반면 온 작품 읽기는 익히고 배워야 하는 기능 중심의 독해 교육에서 벗어나 온전한 문학 작품을 읽게 함으로써 의미 중심 교육이 가능합니다. 낱말 하나하나를 분석하고 인물의 말과 행동을 통해 성격을 알아내는 단편적인 활동이 아닌, 작품이 주는 전체적인 울림과 메시지를 느끼게 하는 것이 온 작품 읽기의 매력입니다.

《화요일의 두꺼비》(러셀 에릭슨, 햇살과나무꾼 옮김, 사계절, 2014)라는 책을 아시나요? 추운 겨울날, 두꺼비 워턴은 고모에게 맛있는 딱정벌레 과자를 선물하기 위해 길을 나섰다가 그만 올빼미 조지에게 잡히게 됩니다. 올빼미 조지는 두꺼비 워턴을 집으로 데리고 가, 자신의 생일인 다음주 화요일에 잡아먹겠다고 합니다. 생일 만찬을 위해 남겨 둔 셈이지요. 먹이가 된 두꺼비 워턴과 포식자인 올빼미 조지는 어쩔 수 없이 생일날까지 함께 생활하게 됩니다. 이 책은 낙천적이고 유쾌한 두꺼비 워턴과 냉소적이고 말이 없는 올빼미 조지와의 진정한 우정을 그린 책입니다.

저는 이 책을 아침 독서 시간에 3학년 아이들에게 천천히 읽어 준 적이 있습니다. 책을 읽기만 한 건 아니고 중간중간 생각할 거리가 있으면 잠시 멈추고 같이 이야기를 나누었습니다. 그래서 완독하기까지 꼬박 두 달이 걸렸습니다.

아이들은 뻔히 잡아 먹힐 줄 알면서도 올빼미 조지에게 맛있는 차를 끓여 주는 두꺼비 워턴의 행동에 대해 "말도 안 돼!" "이럴 수가!" "빨리 도망쳐!" 등의 반응을 쏟아 냈습니다.

책 읽기가 끝났을 때 아이들은 참 아쉬워했어요. 마치 두 달 동안 옆에 있던 워턴, 조지 같은 친구를 전학 보내는 느낌이었다 할까요? 책을 읽고 나서 따로 독후 활동을 할 필요가 없었습니다. 책을 읽는 동안 계속 아이들과 등장인물의 말과 행동에 대해 이야기를 나누었으니까요. 그리고 집에 가서 부모님과 함께 책을 다시 읽어 보는 아이도 있었습니다. 책 읽기가 끝난 후 어느 날, 학부모님으로부터 이런 문자 메시지를 받았습니다.

"아이가 《화요일의 두꺼비》라는 책을 사 달라고 해서 같이 읽어 보았습니다. 저랑 아이 둘 다 푹 빠져 읽었어요. 아이와 함께 좋은 책을 읽는 경험을 하게 해 주셔서 감사합니다."

이 문자를 받고 한 학기에 한 번은 꼭 부모님과 온 작품 읽기를 하게 해야겠다고 마음먹었어요. 학교에서처럼 가정에서도 부모님과 같이 읽고 싶은 책 한 권을 정해서 다 같이 천천히 읽어 보는 경험을 쌓아 간다면 자연스럽게 책과 함께 성장하는 아이가 되지 않을까요?

온 작품 읽기는 어떻게 하나요?

책 읽기 활동을 할 때 가장 열렬하게 반응하고 따라 주는 학년이 초등 3, 4학년입니다. 온 작품 읽기가 이 시기에 참 좋은 독서 교육이라고 생각합니다. 가정에서 부모님과 함께 온 작품 읽기 활동을 하는 방법을 알아보겠습니다.

① 책 선택하기

책 선택 방법은 두 가지입니다. 하나는 부모님이 정하는 것입니다. 아이와 함께 읽고 싶은 책을 몇 권으로 추려서 아이에게 '제한적 선택'을 할 수 있게 해 주세요. 제한적 선택이란 막연하게 어떤 종류의 책을 읽어 보자고 하는 것이 아니라 다섯 권 이내의 책 목록을 제시하며 이 중에서 골라 보자고 말하는 것입니다. 그냥 "어떤 책을 읽을까?"라고 하면 아이들은 오히려 혼란스러워할 수 있습니다. 하지만 몇 가지 선택지를 제시하면 훨씬 쉽게 선택할 수 있습니다.

두 번째로 아이가 여러 권을 추천하는 방법도 있습니다. 엄마와 함께 읽을 책을 아이에게 정해 보라고 하고 그 대신 여러 권을 추천해 달라고 해 보세요. 그중에서 아이와 함께 온 작품 읽기로 적합한 책을 함께 골라 보세요. 책 선택이 가장 중요합니다. 책 선택 과정에서 서로의 자율성과 존중이 기본 바탕이 되어야 함께 읽기도 성공할 수 있습니다.

② 책을 선택했다면 부모님이 먼저 읽어 보세요

반드시 부모님이 먼저 책을 읽어야 성공할 수 있습니다. 저는 이 단계를 '가이드 독서'라고 말합니다. 가이드 독서란 말 그대로 부모가 먼저 책을 읽고 아이들에게 자연스럽게 책을 읽게 유도하는 작업입니다. 제가 학교에서 자주 쓰는 전략입니다.

"이 책은 선생님이 읽은 책 중에서 가장 흥미진진했어. 식인 풀이 나타나 사람을 공격하는데 평범한 초등학생인 풍이와 아리가 어떻게 식인 풀을 없앨 수 있을까? 읽는 동안 엄청 재미있기도 하고 아슬아슬하기도 한데 또 마지막에는 감동적이야. 한번 읽어 볼래?"

《인간만 골라골라 풀》(최영희, 주니어김영사, 2017)이라는 동화책 이야기입니다. 저는 이렇게 아이들에게 글의 줄거리와 함께 흥미진진한 질문 한두 개로 책에 대한 호기심을 던져 줍니다. 제 이야기에 아이들은 서로 책을 읽어 보겠다며 손을 들었어요. 이처럼 먼저 부모님이 책을 읽고 아이가 관심을 가질 수 있도록 해주세요.

"뭐, 한번 읽어 볼게요."

아이가 이런 심드렁한 반응을 보이더라도 괜찮아요. 어떤 책은 성공할 수 있지만 어떤 책은 실패할 수도 있다는 마음으로 편안하게 접근해 보세요.

③ 책에 관한 이야기를 자연스럽게 나눠 보세요

책을 읽고 이루어지는 다양한 독후 활동에 핵심을 둘 필요는 없습니다. 그래도 이야기가 재미있고 깊이 있게 읽었다면 분명할 이야기가 많을 거예요.

《화요일의 두꺼비》에 관해 다시 이야기하자면, 두 달 동안 꼼꼼하게 읽은 덕분에 따로 독후 활동이나 책 이벤트를 하지 않아도 나눌 이야기가 참 많았습니다. 아이들의 질문도 계속되었습니다.

"자기를 잡아먹겠다고 얘기했는데도 워턴이 조지에게 차를 끓여 주는 건 정말 놀라워요."

"올빼미 조지가 워턴을 해치지 않아 얼마나 다행인지 몰라요."

"나라면 분명 도망갔을 거예요!"

"마지막에 조지의 행동이 멋져요!"

"뒤에 어떤 일이 벌어졌을까요?"

책을 꼼꼼하게 읽었다면 이렇듯 하고 싶은 이야기가 많답니다. 하지만 아이가 어떠한 질문도 하지 않는다면 부모님은 질문 전략으로 도움을 줄 수 있습니다. 다양한 질문 전략이 있지만 여기서는 두 가지만 소개하겠습니다.

첫째, 책 속에 답이 있는 질문을 하는 것입니다. 말 그대로 특정 페이지를 찾으면 답이 있는 그런 질문을 말합니다.

· 워턴은 고모에게 무엇을 갖다주려고 길을 떠났지?

· 두꺼비 워턴을 도와준 친구들은 누구였을까?

· 올빼미 조지는 왜 돌아오는 화요일에 워턴을 잡아먹겠다고 했지?

이런 질문을 통해 책을 꼼꼼하게 읽었는지 살펴볼 수 있습니다. 이때 많은 질문은 필요 없습니다. 신기하게도 아이들은 뭔가를 교육적으로 확인하려고 하는 순간, 거부 반응을 보이니까요. 그러니 질문을 하는 데에 방점을 두는 게 아니라 책을 읽고 알게 된 내용이나 사실에 대해 서로 자연스럽게 이야기를 나눈다고 생각해 보세요. 그래서 질문은 두세 개 정도만 해도 적당합니다.

둘째, 생각할 수 있는 질문을 던지는 것입니다. 이러한 질문은 책 속에 답이 없습니다. 나만의 기준, 나만의 가치, 나만의 선택 혹은 상상력으로 대답하는 질문입니다.

· 작가는 왜 이런 책을 썼을까?

· 워턴이랑 조지는 그 후 어떻게 되었을까?

· 우리 주변에서 워턴의 성격과 가장 닮은 사람은 누굴까?

아이의 생각을 묻는 열린 질문을 해 보세요. 아이가 "잘 모르겠어."라고 대답한다면 더 강요할 필요는 없습니다. 그럴 때는 "엄마(아빠)는 이렇게 생각했어."라며 부모의 생각을 먼저 알려 줘도 괜찮습니다. 부모님의 대답으로 아이가 이야기를 한 번 더 곱씹어 볼 수 있으니까요.

첫술에 배부를 수는 없는데 엄마표 독서 교육을 하다 보면 마음이 조급해질 때가 있습니다. 독서 교육은 조급함을 버리고 꾸준히 해야 성공할 수 있습니다. 처음에는 아이와의 대화가 어색하더라도 차츰 시간이 지나면 더 자연스럽게, 편하게 할 수 있습니다. 제가 그랬거든요. 아이들에게 처음 온 작품을 읽어 줄 때, 아이들은 "이 책 계속 읽어 주시는 거예요?" "재미없어요!"라는 거부 반응과 함께 제가 질문을 던져도 묵묵부답인 경우도 있었습니다. 대답하는 아이만 열심히 이야기하고 다른 아이들은 입을 꾹 다물고 있었습니다. 그러다 시간이 좀 지나자 재미없다고 시큰둥한 반응을 보이던 아이도 어느 순간 책과 관련된 내용이 나오면 "아, 이거 선생님이 들려주신 책에서 본 거예요."라며 아는 척도 하고 그때 느꼈던 자신의 생각이나 감정을 술술 이야기했습니다.

저는 이것이 문학의 힘이라고 생각합니다. 문학은 우리의 삶과 관련된 많은 이야깃거리를 제공해 주죠. 문학을 알면 일상에서 만나는 구름을 그저 스쳐 지나가게 하는 것이 아니라 거기에다 나만의 구름을 만들고, 채색하고, 의미를 부여하게 됩니다. 그 일이 조금 더딜 수도 있고, 나중에 일어날 수도 있습니다. 그러니 조바심을 낼 필요가 없습니다. 천천히, 꾸준히 진행하면 됩니다.

2

다양한 책 읽기와 문해력 프로젝트

3, 4학년은 어떤 단계의 독서 시기일까요?

아이가 3학년이 되면 슬슬 걱정이 됩니다. 학교 교과목도 달라지고 아이도 부쩍 큰 것처럼 느껴지기 때문입니다. 1, 2학년 때는 통합 교과였던 책이 3학년부터는 나눠집니다. 1, 2학년 때는 국어, 수학, 통합 교과, 안전한 생활이 다였던 교과서가 3학년부터는 국어, 수학, 과학, 사회, 영어, 미술, 체육으로 다양해집니다. 제가 만난 3학년 아이들은 교과서가 다양해지는 것을 좋아하고 신기해했습니다.

학교마다 다르지만 3학년이 되면 아이들은 담임 선생님이 아닌 영어, 체육, 음악 교과 전담 선생님도 만납니다. 때에 따라서는 이동 수업도 해야 하지요. 아이 입장에서는 굉장히 흥미로울 수도 있고 예민한 아이의 경우에는 불안 요소가 되기도 합니다. 그러니 아이가 3학년이 되면 혹시 어려운 점은 없는지 잘 살펴보아야 합니다.

읽기 측면에서 3, 4학년은 어떤 시기일까요?

① 점점 독서 편차가 벌어지는 시기입니다

이 시기, 아이들은 해독에서 독해로 나아갑니다. 그래서 읽기 유창성이 확보된 아이와 그렇지 않은 아이 사이에읽기 능력의 차이가 생깁니다. 유창성이 확보된 아이는 긴 글에도 관심을 보이며 곧잘 읽어 냅니다. 또한 동화책뿐만 아니라 사회, 역사, 과학을 다룬 지식 책에도 관심을 가집니다.

반면 읽기 유창성이 부족한 아이들은 읽는 데 에너지를 많이 쏟기 때문에 읽는 게 힘들어 회피하려는 성향이 생깁니다. 잘 읽지 못한다는 생각에 책을 읽고자 하는 내적 동기도 떨어집니다. 이 시기를 놓치면 초등 고학년까지 영향을 미칠 수 있습니다. 저학년 때는 책을 좋아했는데 3, 4학년부터 서서히 책 읽기에 흥미를 잃더니 고학년이 되어서는 아예 책을 놓는 경우도 많습니다. 그러니 3, 4학년 시기에 독서에 흥미를 잃지 않도록 지속적으로 독려해야 합니다.

② 학습 독서가 시작됩니다

학습 독서란 학습을 위한 읽기입니다. 즐거움을 위한 읽기, 문학적 향유를 위한 읽기가 있다면 학습 독서는 아이가 배워야 하는 내용에 배경지식을 더해 이해력을 높여 주는 독서라고 볼 수 있습니다.

학습 독서가 필요한 이유는 아이의 머릿속에 이미 저장된 지식이 또 다른 지식을 만날 때 영향을 준다는 '스키마 이론' 때문입니다. 우리가 잘 아는 사람을 만날 때와 전혀 모르는 사람을 만날 때를 생각해 보세요. 일단은 긴장감부터가 다르겠지요. 모르는 사람을 만날 때에는 피곤하고 길게 만나고 싶지 않을 수도 있어요. 아이들이 글을 만날 때도 마찬가지입니다. 머릿속에 아무것도 없는, 즉 배경지식이 없는 글을 읽는다면 낯선 사람을 만나는 것처럼 긴장되고 어려움을 겪을 수 있습니다. 반면 충분한 사전 지식이 있다면 어떨까요? 그 만남이 부담스럽지 않고 자연스럽게 이어질 것입니다. 학습도 마찬가지입니다. 아무런 사전 정보와 내용 없이 만나는 학습은 부담감을 줍니다. 하지만 조금이라도 정보가 있다면 그 학습에 자신감도 생기고 잘 이해할 수 있습니다.

많이 아는 아이가 더 잘 이해할 수 있습니다. 그러니 아이의 이해력을 위해 다양한 책을 읽게 해 주세요. 사회, 과학 과목과 관련된 교과 연계 도서를 읽도록 하는 이유도 아이의 머릿속에 어느 정도 정보가 입력되어야 내용에 대한 이해가 높아지기 때문입니다. 이 시기에는 다양한 교과 연계 독서를 통해 새롭게 접하는 사회, 과학 지식의 문턱을 낮춰 줄 필요가 있습니다.

③ 책 읽는 방법을 알려 주세요

이 시기 아이들은 책을 잘 읽는다는 자신감에 책을 대충 읽는 습관이 생길 수 있습니다. 3, 4학년 때 책을 대충 읽는 습관을 고치지 않으면 5, 6학년이 되어서도 쉽게 고쳐지지 않기 때문에 우리 아이가 어떻게 책을 읽는지 살펴봐야 합니다. 만약 아이가 책을 대충 읽는다면 독서 전, 중, 후 단계에서 질문을 해 보세요. 이를 통해 읽기 동기를 북돋을 수 있을 뿐만 아니라 아이가 답을 찾기 위해 책을 좀 더 꼼꼼하게 읽을 수 있습니다. 작가는 왜 이런 책을 썼을까? 가장 기억에 남는 장면은 무엇일까? 등 질문을 해 보세요.

책을 읽는 다양한 방법을 알려 주는 것도 좋습니다. 필요한 정보를 찾기 위해 훑어 읽으며 원하는 부분만 꼼꼼하게 읽는 방법, 책 한 권을 여러 번 읽는 통독의 방법, 문장의 의미를 생각하며 천천히 읽고 분석하는 지독과 정독의 방법을 알려 주어 상황에 맞는 독서를 할 수 있게 해 주세요.

다양한 책 읽기를 해요

3, 4학년 시기의 독서 특징에 대해 알아보았습니다. 그렇다면 3, 4학년의 가장 핵심적인 독서 목적은 무엇이 되어야 할까요? 이 시기에는 무엇보다 다양한 책을 읽는 것이 가장 중요합니다. 다양한 책을 읽는 것은 이 시기부터 시작해서 계속 이어져야 합니다. 이 시기가 출발점이라고 보고 성급하게 접근하지 않아야 합니다.

평소 읽지 않는 분야의 책을 읽으라고 하면 아이가 거부할 수도 있습니다. 우리의 뇌는 참 신기한 게 매우 효율적으로 일합니다. 늘 해 온 습관의 경로로 가려고 한다는 점에서 말입니다. 그러니 책 읽는 뇌로 변화하려는 노력이 필요합니다. 가장 적은 노력으로 가장 큰 효과를 볼 수 있는 방법이 '책 읽어 주기'라고 생각합니다. 따라서 이 시기를 '다시, 읽어 주기의 시기'라고 말하고 싶습니다.

아이가 태어났을 때부터 읽기 독립 시기까지 부모는 많은 책을 읽어 줍니다. '잠자리 독서'라는 말이 있듯이 아마 많은 분들이 자기 전에 책을 읽어 준 경험이 있을 거예요. 하지만 아이가 음독에서 묵독으로 가면서 스스로 책을 읽기 시작하면 아무래도 책 읽어 주기와 소원해집니다. 초등 3, 4학년이면 읽기 독립이 완성된 시기인데 이 시기에 다시 책 읽어 주기를 하자고 말씀드리면 대부분 이런 반응을 보입니다.

"어머, 선생님! 아이가 이젠 거부합니다."

아이가 거부하니 읽어 주기가 힘들다는 말입니다. 하지만 아무리 연구를 거듭해도 읽어 주기만큼 좋은 독서 교육은 없습니다. 그러니 선언해야 합니다.

"오늘부터 엄마가 다시 책을 읽어 줄 거야! 자기 전에 말이야."

다양한 독서를 위해 이야기책과 더불어 정보 책도 읽어 줘야 합니다. 다만 처음부터 정보 책만 과하게 읽어 주지 마시고 아이가 그동안 이야기책만 읽었다면 10권 중 1권은 정보 책, 그다음에는 2권, 3권 이렇게 점차 비중을 늘려 주세요.

4학년이 되면 그때는 본격적으로 이야기책과 정보 책의 비중에 주목해 주세요. 만약 아이가 이야기책을 더 좋아한다면, 이야기책과 정보 책의 비율이 6 대 4, 혹은 7 대 3이어도 좋습니다.

그리고 이 시기에는 아이 수준에 맞는 잡지 한 권을 아이 이름으로 신청해서 보게 해 주세요. 어린이 논술, 과학, 시사, 독서 잡지에는 그때그때 상황과 이슈에 맞는 다양한 정보와 읽기 자료가 제시되니 아이의 배경지식을 쌓는 데에 도움이 됩니다.

우리 아이만의 문해력 프로젝트

"주말마다 다양한 체험을 함께 하겠어요!"
"하루에 30분 이상 아이와 함께 운동을 하겠어요."
"아이와 주말마다 줄넘기를 할 거예요."

저는 이 모든 게 아이를 위한 프로젝트라고 생각합니다. 누구보다 부모가 자녀를 잘 알고 있잖아요. 무엇을 좋아하고, 무엇을 싫어하고 무엇이 필요한지요. 그 점을 면밀히 관찰한 후 우리 아이에게 꼭 맞는 문해력 프로젝트를 해 보세요.

학교에서도 아이들을 위한 문해력 프로젝트를 진행합니다. 국어 시간, 혹은 창의적 체험 활동 시간을 통해 읽기, 쓰기와 관련된 프로젝트를 합니다. 저는 창작 프로젝트, 도전 책 읽기 프로젝트, 100권 읽기 프로젝트 등을 진행한 적이 있습니다.

창작 프로젝트는 6학년 아이들과 함께했습니다. 그 내용을 잠깐 소개하자면, 아이들과 제가 함께 하나의 스토리를 구성합니다. 아이들이 정한 이야기의 장르는 풋풋한 사랑을 다룬 로맨스 동화였습니다. 아이들의 호기심이 반짝하는 순간을 느꼈어요. 남학생들은 풋사랑 이야기는 오글거린다며 싫어했고, 여학생들은 아주 좋아했어요. 하지만 창작 후반부에는 남학생들이 더 많은 아이디어를 내면서 열심히 참여했습니다.

그 창작 과정은 이렇습니다. 먼저 주인공과 등장인물을 같이 정하고 생김새와 성격을 이야기하며 칠판에 캐릭터를 스케치했습니다. 그림을 잘 그리는 아이들이 재능기부를 해 주었지요. 그 다음에는 전체 스토리를 발단, 전개, 위기, 절정, 결말로 나눈 후 각 모둠에서 단계에 맞는 내용을 작성했습니다. 마지막으로 A3 종이에 이야기를 쓰고 그림을 그리도록 하였습니다. 그리고 이야기의 순서대로 모아서 한 권의 그림책을 완성했습니다.

그 외에도 방학을 이용해 책 100권 읽기 프로젝트를 온라인으로 진행하기도 했습니다. 한시적이기도 하고 잠깐이었지만 친구들의 독서 취향과 습관을 서로 이야기할 수 있었어요. 아이들에게 약간의 자극이 되었다고 생각합니다.

가정에서도 문해력 프로젝트를 할 수 있습니다. 우선 프로젝트라고 해서 거창한 것이 아니라는 것을 말씀드리고 싶어요. 어느 국어과 교수님은 가정에서 아이와 함께 책을 읽고 '책 탑 쌓기 놀이'를 했다고 합니다. 아빠와 아들이 서로 경쟁자가 되어 보기로 한 거죠. 한 달 뒤에 누가 더 높은 책 탑을 쌓았는지 확인하는 단순한 프로젝트였다고 합니다. 가정에서의 문해력 프로젝트는 이런 작은 아이디어만으로도 가능합니다. 저는 가끔 책장을 보면서 아이와 어떤 책을 읽을지 이야기를 나눕니다. 둘이 함께 책장을 쳐다보면서 자연스럽게 독서 목표를 세웁니다.

"엄마, 《해리 포터》를 한 번 더 읽어 볼게! 그럼 세 번째 다 읽는 거네."

목표를 말하고 아이가 의기양양한 모습을 내비칩니다. 이에 저도 아이에게 제 목표를 공유합니다.

"그래? 그럼 엄마는 세계 명작 동화 전집을 읽을게. 2주에 한 권씩 읽을 거야."

문해력 프로젝트는 초등 중학년 시기가 하기에 가장 적당합니다. 3, 4학년이 되면 자기만의 주장도 생기고 주도성도 갖춰집니다. 이런 프로젝트를 경험하면 스스로 프로젝트를 구상하고 참여하며 자기 주도 역량을 키울 수 있습니다.

 **초등 문해력 LEVEL UP**

가정에서 할 수 있는 문해력 향상 프로젝트

□ 다양한 도서관 투어

□ 지역 독립 책방 및 서점 투어

□ 부모님과 함께 독서 목표 정하고 읽기

□ 동시집 출간하기

□ 창작 노트 쓰기

□ 부모님과 함께 동화책 읽기

□ 한 달에 한 번 가족 독서 토론하기

□ 도전! 벽을 부수는 책 읽기(평소 안 읽던 분야 책 읽기)

□ 가족과 읽은 책으로 탑 쌓기

□ 엄마와 함께 베껴 쓰기

3

창의적 글쓰기, 월드 플레이

월드 플레이를 아시나요?

몇 년 전, 초 3 아이들을 가르칠 때였어요. '어떻게 하면 아이들이 글쓰기를 재미있게 할 수 있을까?' 고민하고 있었습니다. 그때 우리 반에는 책에 푹 빠진 학생과 그림 그리기에 푹 빠진 학생이 있었어요. 둘은 성향도 비슷해서 금방 절친이 되더라고요. 어느 날 그 아이들이 제게 공책을 내밀었습니다.

"선생님, 이건 엄마한테도 안 보여 드린 건데요, 우리가 만든 그림책이에요."

아이들이 눈을 반짝이며 저에게 내민 건 순수 창작물인 이야기책이었어요. 한 명은 글을 담당하고 한 명은 글에 알맞은 그림을 맡아 그렸다고 하더라고요.

개구리 두 마리가 주인공인 이야기였습니다. 아놀드 로벨의 《개구리와 두꺼비는 친구》라는 책처럼, 성격이 다른 두 개구리 이야기가 무척 재미있었어요. 무엇보다 아이들이 정말 신이 나서 쓰고 그렸다는 것, 누가 쓰라고 하지 않아도 자발적으로 했다는 것, 자신들의 작품을 무척 뿌듯한 마음으로 대한다는 것, 그 점이 좋았습니다.

그날 이후 저는 아이들의 창작물에 관심이 많아졌고, 아이들과 함께 창작 수업 활동을 꾸준히 하게 되었습니다. 창작은 잘 몰라서 어렵다, 두렵다고 생각할 수 있지만 쓰는 법을 알게 되면 자기도 모르게 푹 빠져 쓰게 되는 것이 글 창작 활동입니다.

아이들의 글을 보면 신이 나서 적었는지 아니면 억지로 적었는지 알 수 있습니다. 신기하게도 창작 글에는 글쓰기에 몰입해서 쓴 흔적이 많았습니다. 아이들은 창작 활동을 통해 세 줄이든 다섯 줄이든 분량에 상관없이 자신의 이야기에 푹 빠져 글을 쓰는 경험을 해 볼 수 있답니다.

《내 아이를 키우는 상상력의 힘》(미셸 루트번스타인, 유향란 옮김, 문예출판사, 2016)의 작가는 니체, 모차르트, 《나니아 연대기》의 작가인 C.S 루이스, 《반지의 제왕》을 쓴 톨킨 등 우리가 아는 유명한 인물들이 어릴 때부터 이야기를 만드는 창의적인 놀이인 '월드 플레이'를 했다는 사실에 주목했어요. 이 놀이는 작가의 전작인 《생각의 탄생》(로버트 루스번스타인·미셸 루스번스타인, 박송성 옮김, 에코의서재, 2007)에서 소개한 13가지 생각 도구를 모두 사용한다는 점에서 굉장히 흥미롭습니다.

작가의 인터뷰 내용을 보면, 어린 시절 월드 플레이를 통해 창의 융합 교육과 자기 주도 학습이 가능하다고 합니다. 서사가 있는 이야기를 만드는 것이 아니더라도 아이들이 하는 상상 놀이, 인형극을 하거나 만들기를 하는 모든 것이 월드 플레이와 비슷한 면이 있습니다.

월드 플레이를 3, 4학년 아이들의 글쓰기 활동에 접목해 보았습니다. 3, 4학년 아이들은 다양한 상상을 많이 합니다. 마법, 요술, 요괴, 괴물, 귀신 등에 관심을 가지는 시기라 동화 장르 중 하나인 판타지 동화 쓰기로 월드 플레이 활동을 해 보았습니다.

월드 플레이, 즐거운 창작 놀이

몇 해 전 3, 4학년으로 구성된 독서 동아리를 맡은 적이 있습니다. 동화책을 읽고 다양한 독후 활동을 하는 이 동아리에 모인 인원은 총 23명이었습니다. 하지만 그중 21명이 책이 싫다고 말했습니다. 남학생들은 축구나 보드게임 동아리에 가고 싶었고 여학생들은 만화 그리기, 만들기 동아리에 가고 싶었는데 인기 동아리는 인원 제한이 있다 보니 어쩔 수 없이 독서 동아리로 오게 되어 아이들 얼굴에 불만이 가득했습니다. 문제는 책 읽기와 글쓰기를 싫어하는 아이들에게 독후 활동으로 구성된 커리큘럼을 그대로 적용할 수 없다는 것이었습니다.

책을 읽자고 하니 아이들 몇 명은 이렇게 대답했어요.

"선생님, 저는 학교에 들어와서 책을 읽어 본 적이 없어요!"

"저도 그래요."

"책 읽기 싫어요!"

그래서 저는 구성한 커리큘럼을 과감하게 수정했습니다. 책을 읽고 쓰는 놀이로 접근하자는 전략을 세웠습니다. 동아리 명칭도 '창의 독서 활동부'에서 '책 놀이부'로 바꾸었습니다. 일단 책이 싫다고 말하는 아이들이 '어? 내가 생각했던 것과 다르게 책이 재미있구나!' 하고 느낄 수 있게 말입니다. 그렇게 책 놀이로 시작된 동아리 활동은 그림책 창작하기로 시작해 2학기에 '나만의 판타지 동화 쓰기'로 마무리를 지었습니다. 특히 판타지 동화 쓰기를 통해 책을 싫어하고 글쓰기는 더더욱 싫어했던 아이들이 글쓰기에 흠뻑 빠지는 놀라운 경험을 하게 되었습니다. 2년 후, 그 동아리에서 만났던 한 남학생이 6학년 우리 반이 되었습니다. 개학 첫날, 그 아이가 제게 다가와서 이런 말을 하더군요.

"선생님, 4학년 때 독서 동아리 활동 짱이었어요!"

가정에서 창작 글쓰기를 지도하는 법

가정에서는 어떻게 창의적인 글쓰기, 월드 플레이를 할 수 있을까요? 아이와 함께 할 수 있는 방법을 알려드리겠습니다.

① 약간의 경쟁심 유발하기

"네 또래 친군데 이런 이야기를 지었대."

저는 아이에게 가끔 또래 아이들이 창작한 것을 보여 줄 때가 있어요. 주로 블로그에서 발견한 아이들이 쓴 창작물이나 실제 초등학생이 출간한 책들을 찾아서 보여 줍니다. 그러면 아이는 "흥, 나도 할 수 있어."라며 자기만의 창작 세계에 빠집니다. 약간의 도전 의식을 불러일으키는 거죠.

② 모방부터 시작하기

아이가 창작을 어려워하면 아이가 쓰고 싶은 이야기를 닮은 그림책 혹은 이야기책을 읽게 해 주세요. 저는 아이에게 《깊은 밤 필통 안에서》(길상효, 비룡소, 2021)라는 책을 사 준 적이 있어요. 각종 필기도구의 이야기가 담긴 의인화 동화였는데 아이가 아주 재미나게 읽었습니다. 다 읽고 나서 아이에게 이런 동화를 한번 써 보라고 권했죠. 물건이 주인공인 동화를 말입니다.

그러자 그림 그리는 것을 좋아하는 아이는 그림책으로 창작해 보고 싶다고 했어요. 아이가 지은 그림책 제목은 '분식 가게'입니다. 김밥 재료인 단무지, 당근, 밥을 등장인물로 하고 밥주걱은 이 재료들을 가르치는 김밥 선생님으로 설정해서 신나게 이야기를 짓더라고요.

집에서 아이들과 창작 놀이를 해 보라고 하면 대부분의 부모님은 어떻게 시작해야 할지 모르겠다고 반응합니다. 부모님이 창작 글쓰기를 해 본 적이 없어도 됩니다. 먼저 모델이 될 만한 책을 찾아 주세요. 부모의 역할은 아이가 상상 속 이야기를 펼칠 수 있도록 발돋움하게 해 주는 것입니다.

정 단무지와 친구들은
주걱 선생님을 만났어요.
“우리는 맛있는 김밥이 될 거예요.”

김밥 만드는 과정은 어려워요.
“밥아, 제대로 펴야지!”
주걱 선생님이 말했어요.

“김 우엉, 이 당근, 그리고 정 단무지!
모두 밥 위로 올라가.”

“안녕! 참기름아, 우리를 고소하게 해 줘!”
김밥이 말했어요.

③ 상상력을 발휘할 수 있는 주제를 알려 주세요

아이에게 막연하게 창작 글을 쓰자고 하면 어려워합니다. 아이들의 흥미를 북돋아 줄 수 있는 소재를 찾아 주면 어떨까요? 저는 아이들에게 첫 문장을 제시합니다. 그리고 아이에게 상상력을 발휘해서 써 보라고 합니다.

첫 문장 제시하기

· 어느 날, 무엇이든 쓱쓱 다 지워지는 마법 지우개를 주웠습니다.

· 우르르 쾅! 천둥 번개 소리가 들렸습니다.

· 책상 서랍 속에 수상한 편지가 있었습니다.

· 예쁜 고양이가 나를 따라왔습니다.

· 나에게 택배가 배달되었습니다.

· 어제 산 운동화를 잃어버렸습니다.

· 갑자기 눈이 펑펑 쏟아졌습니다.

· 길을 가는데 누군가가 말을 걸었습니다.

이렇게 첫 문장만 제시해도 그때부터 아이들은 상상의 나래를 펼치기 시작합니다. 처음에는 말로 시작해서, 엉성하더라도 한 편의 이야기가 완성되면 글로 적어 보라고 해 보세요. 그림 그리기를 좋아하는 아이라면 그림과 함께 글을 적어 보는 것도 좋습니다. 창작의 첫걸음을 뗀 아이들은 그 즐거움이 얼마나 큰지 알게 될 거예요. 아이들에게 소비가 아닌 생산의 주체로서 자유롭게 글을 쓰도록 해 주세요.

창작이 좋은 이유

이야기를 만들고 쓰는 모든 과정은 상상력과 창의력을 기반으로 합니다. 기존에 없는 것을 만들어 낸다는 점에서 매우 흥미로운 과제이기도 하고요. 아이는 평소 읽고 들어 알고 있는 배경지식을 종합해 어떤 글을 쓸 수 있는지 관찰하고 생각해야 합니다. 주인공은 누구로 할지, 어떤 성격일지, 주인공에게 어떤 시련과 아픔이 있을지도 고민해야 합니다. 그런 과정을 겪으면서 다른 사람의 입장에서 생각해 보기도 하고 시련을 이겨 내는 다양한 방법을 알게 되기도 합니다.

하지만 이 모든 것보다 창작이 좋은 더 큰 이유가 있습니다. 예전에 제가 글쓰기를 가르칠 때 매우 힘이 들었던 이유 중 하나가 아이들이 글쓰기를 싫어한다는 것이었습니다.

"아, 글쓰기 정말 싫어!"

이런 마음으로 앉아 있는 아이를 볼 때마다 강제로 시키고 있다는 생각이 들곤 했어요. 그런데 창작 글쓰기를 할 때는 아이들이 뭔가를 억지로 한다는 느낌이 없습니다. 재미있어서, 즐거워서, 행복해서, 신나서, 기발한 경험이라서 등 다양하지만 좋은 느낌으로 글쓰기에 임한다는 데에 창작 글쓰기의 가장 큰 매력이 있습니다.

또한 창작 글쓰기는 꼼꼼하게 읽기로 이어진다는 점에서 강력한 장점이 있습니다. 한번은 6학년 아이가 제게 물었습니다.

"선생님! 저는 대화 글을 어떻게 써야 할지 모르겠어요. 창작 글쓰기는 재미있는데 대화에서 막혀서 힘들어요."

창작 동화를 처음 써 본다는 아이는 처음에는 매우 난감한 표정을 지었지만 시간이 갈수록 점점 창작의 매력에 빠졌습니다. 그러다 보니 자주 질문을 했는데 이 질문이 가장 인상적이었어요. 거기에 제가 낸 해결책은 바로 이것이었습니다.

"네가 쓰고 싶은 글과 비슷한 책을 찾아봐. 그리고 거기서 대화 글에 밑줄을 긋고 소리 내어 읽어 보고, 여러 번 베껴 쓰기도 해봐!"

그 학생과 저는 별도의 시간을 내서 훌륭한 대화 글이 있는 동화책의 몇 부분을 복사해서 같이 연구하고 비슷하게 적어 보는 활동도 겸했습니다. 이후 그 아이의 창작 동화는 더 매끄럽고 멋지게 마무리될 수 있었습니다. 결국 잘 쓰기 위해서는 잘 읽어야 한다는 것을 알게 되는 순간이었습니다. 아이에게 꼼꼼하게 읽어라, 제대로 읽어라 이야기하지 않아도 창작 글쓰기를 하면 자연스럽게 유도할 수 있습니다.

4

하루 계획, 하루 노트로 글쓰기 근육 키우기

글쓰기의 기본기를 만들자

코어 운동이라는 말을 들어 본 적 있나요? 코어 운동이란 척추와 골반을 둘러싼 몸의 중심부 근육을 단련하는 운동을 말합니다. 코어 근육이 강화되어야 모든 운동이 쉬워지고 허리를 비롯한 몸의 전반적인 건강이 향상됩니다. 초등 글쓰기는 이런 코어 운동과 비슷합니다. 기본적인 부분을 단련해야 뻗어 나가는 힘이 생깁니다. 그러니 무리하게 훈련하거나 조급해할 필요는 없지만 매일 꾸준히 단련하는 것이 중요합니다.

초등 글쓰기의 핵심은 꾸준히 할 수 있게 만드는 것입니다. 3학년이 되면 '글 밥'이 제법 있는 책을 읽을 줄 알아야 합니다. 수업 시간에 소개하는 글, 독서록, 일기 등 다양한 글쓰기를 해 보면 아직도 두 줄 이상 쓰기가 힘든 아이들도 있고 쉽게 써 내는 아이들도 있습니다. 4학년이 되면 이 격차는 더 벌어집니다.

"글쓰기가 너무 힘들어요."

"쓰기 싫어요."

"몇 줄 써야 해요?"

아이들이 글쓰기를 억지로 꾸역꾸역하는 것처럼 보일 때가 많습니다. 이런 아이들이 편하게 쓸 수 있는 상태를 만드는 것이 글쓰기의 코어 운동이라고 볼 수 있습니다. 운동이 편해지려면 어떻게 해야 할까요? 매일 조금씩 하면 됩니다. 꾸준히 하면 기본 운동은 쉬워지고 다른 운동으로 응용도 가능해집니다. 3, 4학년 글쓰기도 마찬가지입니다. 3, 4학년 때는 글쓰기의 근육을 키우는 단계라고 생각하고 어떻게 하면 매일, 꾸준하게 할 수 있을지 고민해야 합니다.

글과 그림으로 이루어진 하루 노트

학교 현장에서는 꾸준한 글쓰기를 위해 다양한 방법을 제시하고 있습니다. 1학년은 한 줄 쓰기, 2학년은 두 줄 쓰기 등 학년이 올라갈수록 매일 쓰는 양을 늘리기도 하고요. 매일 아이들이 겪고, 생각하고, 느낀 것을 그대로 글로 담아내는 '글똥누기'('글쓰기'와 '똥 누기'를 더한 말. 누고 싶을 때 누는 똥처럼 하고 싶은 말을 글로 쓰는 학급 활동) 활동을 하기도 합니다. 저는 글과 그림으로 구성된 하루 노트로 글쓰기 교육을 하고 있습니다. 하루 노트는 다양한 주제로 나누어진 쓰기와 그에 알맞은 그림 그리기 활동으로 구성되어 있습니다. 하루 노트의 주요한 두 가지 활동을 자세히 알아보겠습니다.

① 매일 글쓰기

짧게라도 자신의 생각이나 상상이 담긴 내용을 적어 보자는 생각으로 하루 노트를 크게 생각 글쓰기, 주제 글쓰기, 상상 글쓰기 세 파트로 나누어 적도록 하였습니다.

생각 글쓰기는 제시된 글에 대한 자신의 생각을 적는 것입니다. 친구란 무엇일까? 공부란 무엇일까? 타인을 배려한다는 것은 무엇일까? 이런 일상에서의 철학적인 질문을 통해 아이들 스스로 생각할 수 있는 힘을 키워 나가는 것입니다.

주제 글쓰기는 제시하는 글감을 가지고 쓰는 활동으로 현재 초등학교에서도 많이 활용되는 활동입니다. 아이들이 관심이 가질 만한 주제를 미리 확보해 두는 것이 관건입니다.

마지막으로 상상 글쓰기는 아이들이 상상력을 신나게 발휘하여 창작 글을 쓰는 활동입니다. '어느 날 스마트폰이 내게 말을 건넨다.' '갑자기 비가 내렸다.' 같은 문장으로 시작되는, 이야기를 짓는 즐거움을 주는 글쓰기 활동입니다.

② 비주얼 싱킹

비주얼 싱킹(visual thinking)은 자기 생각을 글과 이미지로 표현하는 시각적 사고 방법 중 하나로, 생각하는 습관이 필요한 활동입니다. 이 활동이 중요한 이유는 디지털 시대에는 자기 생각을 이미지로 표현하는 수단이 유용하기 때문입니다. 그래서 하루 노트에 글도 쓰고 그림도 그리게 합니다. 이미지로 자기 글의 내용을 표현하도록 하는 것입니다.

이렇게 두 가지 아이디어를 접목해서 만든 것이 '하루 노트'입니다. 얼핏 보면 매일 써야 하는 노트라고 오해하기 쉽지만 그렇지 않습니다. 저는 학교에서 아이들에게 하루 노트를 처음에는 일주일에 한 번, 많게는 일주일에 세 번 쓰도록 합니다. 점차 양을 늘려 가면서 아이들이 하루 노트 쓰기에 익숙해지게 만듭니다. 매일 쓰는 것보다 부담 없이 재미나게 쓰는 것이 목표이기 때문입니다.

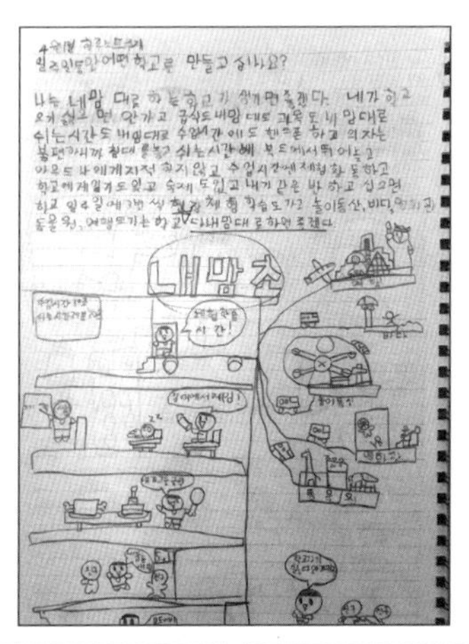

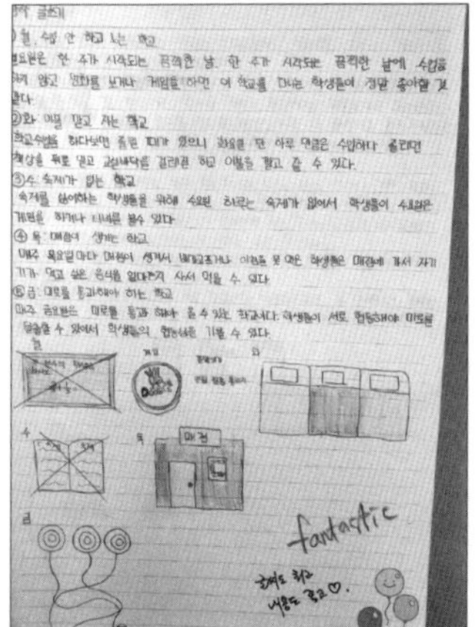

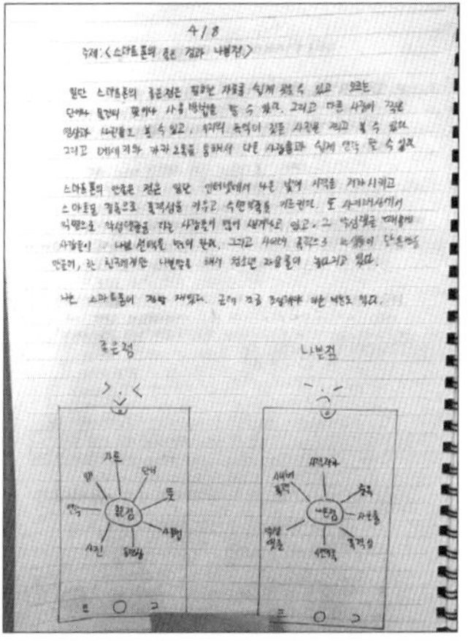

아이들이 작성한 글쓰기 공책 '하루 노트'

나만의 하루 계획 쓰기

매일 꾸준히 글쓰기를 하는 두 번째 팁은 '하루 계획 쓰기'입니다. 그날 자신이 해야 하는 일을 쓰는 것이 주 활동이지요. 이것을 글쓰기 활동으로 볼 수 있을까요? 글이란 서사나 형식적 구조가 있어야 한다는 점에서 벗어나 보고자 합니다. 이 시기에는 아이들이 연필을 들고 무엇이든 끄적끄적 할 수 있는 기회를 많이 만들어 주어야 합니다. 관찰 일지를 적고 일기를 쓰고 독서록을 쓰는 것만 글쓰기가 아닙니다. '기록'의 차원에서, 나의 일상을 도와주는 차원에서 글쓰기 활동을 기획해 보았습니다.

'하루 계획'은 그런 면에서 매우 유용한 활동입니다. 학기 초에 B5 크기의 노트를 사서 반 아이들에게 나누어 줍니다. 그리고 아이들에게 '하루 계획 활용법'을 알려 주고 그중 가장 잘 활용하는 친구의 노트를 보여 주기도 합니다.

하루 계획 활용법

· 오늘 날짜를 적는다. 날씨는 자기의 표현대로 적는다.

㉮ 긴 소매 옷이 필요한 날씨, 비구름이 보여서 늦은 오후에 비가 올 것 같음 등

· 오늘 해야 할 일 3~5개를 적는다. 이 중 1~2개는 내가 하고 싶은 일을 적는다.

㉮ 게임 10분 하기, 줄넘기 20분 하기 등

· 다음 날 실행 여부를 표시한다.

㉮ 잘했음: O, 중간: △, 못했음: X

· 하루 계획은 구체적이고 측정 가능한 형태로 쓴다.

㉮ 운동하기(X), 줄넘기 15분 하기(O), 숙제하기(X), 수학 학원 숙제 2장 하기(O)

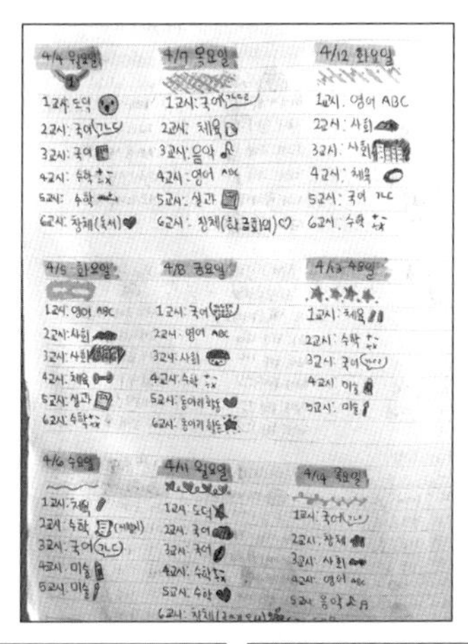

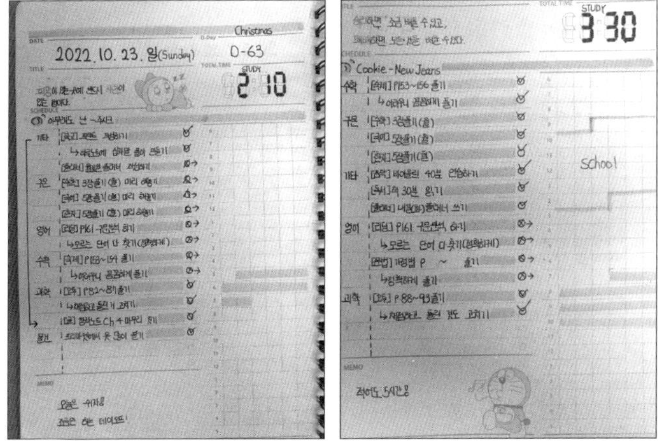

아이들이 작성한 '하루 계획'

5

3, 4학년 말하기 문해력: 감정 말하기 연습

서로 갈등이 생겼을 때

학급 담임을 하다 보면 모둠 학습 시간, 쉬는 시간, 점심시간에 갈등을 일으켜 오는 아이들을 봅니다.

아이들은 하나같이 "저 친구가 먼저 잘못했어요."라는 표정으로 불만 가득한 모습을 내비치며 옵니다. 이럴 때 해결 방안이 있습니다. 10년 넘게 제가 써 온 방법인데 매우 간단합니다.

둘 사이에 일어난 갈등에 대해 서로 끼어드는 일 없이 모두 말하게 합니다. 오해와 억울한 생각을 잠시 멈추고 상대방의 말을 경청하도록 하는 거죠. 이때 상대방이 이야기할 때 끼어들면 더 이상의 대화는 없다고 말합니다.

먼저 A라는 아이가 왜 싸웠는지, 왜 화가 났는지 이야기를 합니다. B가 듣고 있다가 억울하고 자신의 상황과 맞지 않더라도 참아야 합니다. 왜냐하면 B에게도 말할 기회를 공평하게 줄 거니까요. A의 이야기가 끝나면 이번에는 B의 이야기를 경청합니다. 이렇게 서로 이야기를 경청하고 선생님이 중간에 들어가 확인하다 보면 어느 순간 둘의 오해가 생긴 지점을 만나게 됩니다. 이 순간을 놓치지 않고 서로 마음을 열고 진정으로 이야기할 수 있는 시간을 줍니다.

사과할 일이 있으면 사과하고 잘못한 일이 있으면 이야기하면서 갈등을 풀어 가는 방법인데, 이런 몇 가지 규칙만으로도 폭발 직전의 상황을 잠재울 수 있습니다. 그러면 서로 억울해하고 눈을 흘기며 주먹다짐 일보 직전까지 갔다가도, 미운 감정은 물에 푼 휴지처럼 금세 다 녹고 다시 서로 기분 좋게 어깨동무를 하고 갑니다.

대화 규칙만 지켰는데도 화가 나는 상황이 잘 마무리되는 모습을 보면서 아이들에게 말하기 연습을 꼭 시켜야겠다는 생각이 들었습니다.

아이에게 말하기 연습이 필요한 까닭

학급에서 저는 두 가지 방법으로 말하기 연습을 시킵니다. 하나는 '나 전달법'입니다. 나 전달법은 크게 세 가지로 나누어집니다. 행동, 영향, 감정의 순서대로 전달하는 방법인데, 간단한 예로 살펴보면 이렇습니다.

네가 마음대로 내 지우개를 가지고 가서(행동)
내가 한참이나 찾았어.(영향)
그래서 지금 화가 나.(감정)

이렇게 '나'를 주어로 하여 나의 생각과 감정을 드러내는 방식을 나 전달법이라고 하는데, 상대방의 기분을 상하지 않게 하면서도 나의 주장을 잘 전달할 수 있다는 점에서 문제 해결에 도움을 줍니다.

실제로 학급에서 보면 아이들은 자신의 생각과 감정을 차분하게 전달하는 친구에게는 바로 "미안해!"라며 사과를 합니다. 싸움은 대체로 "넌 항상 남의 거 쓰잖아!" "야, 너 뭐야?"라며 상대방의 행동을 비난하는 경우에 일어납니다. 말을 어떻게 전달하느냐에 따라 이런 불필요한 상황을 피해 갈 수 있습니다. 우리 아이에게 현명하게 말하는 법을 알려 줘야 하는 이유가 여기에 있습니다.

두 번째 방법은 감정 어휘를 활용한 말하기 연습입니다. 등교하는 아이들에게 "오늘 기분이 어때?"라고 물으면 뭐라고 대답할까요? "좋아요." "나빠요." "심심해요." "졸려요." 등 단순하게 말합니다. 그런데 감정 단어를 보여 주고 다시 물으면 어떨까요?

걱정되다	긴장되다	즐겁다	연약하다	슬프다
떨리다	창피하다	당황스럽다	외롭다	낙담하다
괴롭다	미안하다	분하다	재미있다	의심스럽다
귀찮다	개운하다	못마땅하다	애처롭다	흐뭇하다
절망적이다	용기 있다	행복하다	쓸쓸하다	메스껍다
원통하다	서운하다	놀랍다	간절하다	사랑스럽다
아프다	감사하다	측은하다	지치다	지루하다

감정 단어의 예

한 가지 실험을 해 보세요. 자녀에게 "지금 기분이 어때?"라고 물어보세요. 그러면 아이는 대답과 함께 왜 그런 기분이 드는지 말해 줄 거예요. 그다음, 저 감정 단어를 보여 주면서 다시 이야기해 보라고 하세요. 아이는 자신의 감정을 좀 더 구체적으로 표현하는 단어를 찾아 이야기할 겁니다. 많은 어휘를 통해 더 유연하고 다양하게 표현하는 능력을 발휘할 수 있습니다. 아이들에게 감정 단어를 알려 줘야 하는 까닭은 자신의 감정을 솔직하게 표현하는 것이 결국 나 자신을 알고 타인을 이해하는 데 가장 기본이 되기 때문입니다.

말하기도 배워야 한다

말하기 교육을 가정에서만 하나요? 그렇지 않습니다. 국어 교육 과정에서 말하기와 관련된 성취 기준을 한번 살펴보겠습니다.

초 3, 4학년

· 대화의 즐거움을 알고 대화를 나눈다.

· 회의에서 의견을 적극적으로 교환한다.

· 원인과 결과의 관계를 고려하며 듣고 말한다.

· 적절한 표정, 몸짓, 말투로 말한다.

· 예의를 지키며 듣고 말하는 태도를 지닌다.

이를 바탕으로 학교에서도 자신의 의견을 효과적으로 표현하고 상대방의 감정을 고려하며 예의 바르게 듣고 말하는 능력과 태도를 키우고자 합니다.

실제로 3학년 아이들에게 적절한 표정과 몸짓, 말투로 말하기를 성취 기준으로 하는 단원을 가르칠 때 아이들이 무척 좋아했습니다. '이럴 땐 이런 상황'이라는 느낌으로 주어진 상황에서 표정과 말투를 통해 감정을 전달하는 연극 활동이었는데, 아이들은 '연극'이라는 상황 자체도 재미있어했고 '표현'하는 법을 배워서 좋아했습니다.

이처럼 아이들에게 연극으로 말하기를 가르치는 것도 좋은 방법입니다. 가정에서도 다음과 같은 상황극을 만들어 아이와 말하기 활동을 해 보세요.

가정에서 할 수 있는 상황극의 상황

· 친구가 함부로 내 물건을 가지고 갔을 때

· 단톡방에서 친구가 다른 친구를 욕할 때

· 친구가 이유 없이 괴롭힐 때

· 선생님께 하고 싶은 말이 있을 때

· 친구가 약속 시간에 계속 늦거나 약속을 아예 지키지 않은 상황일 때

· 내가 잘못해서 부모님께 사과해야 할 때

이런 상황을 제시하고 이럴 때 어떻게 말하면 좋을지에 대해

이야기를 나누어 보는 것도 좋은 말하기 교육법입니다.

요즘에는 부모, 특히 엄마를 위한 대화법 책이 참 많습니다. 자녀에게 해서는 안 되는 말, 하면 좋은 말에 관한 내용을 담은 책이 많지요. 하지만 아이를 위한 대화법 책은 많지 않습니다. 이유가 뭘까요? 아이들은 글로 배우기보다 실제 상황에서 배우는 것을 더 좋아하고 그것이 더 효과적이기 때문입니다.

6

똑똑한 미디어 생활: 3, 4학년

언택트 시대, 미디어 이용 격차가 심해졌어요

"온라인 과제 방에 오늘 '배움 노트'를 찍어서 올려 주세요."

코로나19가 시작된 해였습니다. 당시 4학년 아이들을 가르칠 때라 당연히 아이들이 사진을 찍어 온라인 과제 방에 올리는 것쯤은 할 수 있을 거라 생각했어요. 그런데 의외로 많은 아이가 이런 대답을 했습니다.

"선생님, 사진 찍어서 올리는 법을 몰라요."

"엄마가 퇴근하고 오셔야 올릴 수 있어요."

이뿐만이 아닙니다. 자기 생각을 댓글로 적어 달라는 이야기에도 아이들은 "타자를 칠 줄 몰라요." "어느 글에 댓글을 써야 할지 모르겠어요." 등 다양한 반응을 보였어요.

코로나19를 겪으면서 우리 곁에 미래 교육이 성큼 다가왔습니다. 온라인 줌 수업이 활성화되었고 다양한 교육 앱을 통해 수업에 참여하게 되었습니다. 이때 아이마다 스마트 기기를 다루는 능력에서부터 기본적인 컴퓨터 활용 능력까지 그 정보 격차가 매우 심각하다는 것을 알게 되었습니다. 스마트폰 중독이다, 게임 시간이 늘었다 등의 말처럼 아이들이 온라인에 머무는 시간은 늘었지만 정작 온라인에서 필요한 능력은 부족한 현실입니다. 이는 아이들이 철저하게 소비 중심으로 디지털 환경을 이용하고 있기 때문이라고 봅니다. 이러한 수동적인 소비가 미디어 이용 격차를 더 벌어지게 만들었습니다.

그렇다면 그 격차를 줄이는 방법은 없을까요?

미디어 이용 격차를 줄이는 방법은?

아이들의 미디어 이용에 대해 부모님들은 상반된 모습을 보입니다. 아이들이 미디어에 푹 빠질까 봐 두려워하면서도 그 흐름을 거스를 수 없다는 사실은 인정합니다. 즉 아이가 다양한 디지털 문화에 빠지지 않게 하기 위해 안간힘을 쓰면서도 미래 교육을 위해 모르쇠로 일관할 수만은 없는 아이러니한 상황을 맞이하게 되는 것입니다.

"초등학생에게 스마트폰은 좋지 않은 영향을 주는 것 같아요."

"스마트폰으로 배우는 게 많아서 나쁘다고 생각하지 않아요."

이렇게 상반된 입장을 접하면서 무엇이 맞고 틀린 것인지를 떠나 미디어 사용 가이드가 부족하다는 생각이 들었습니다. 아직 미디어에 관한 논제를 똑 부러지게 해결하고 제시하는 가이드가 부족하다 보니 결국 부모가 결단해야 하고 그 결단에 책임까지 져야 하는 상황입니다. 그러니 미디어 사용에 있어 부모의 역할이 무엇인지 고민이 더 커질 수밖에 없습니다. 그렇다고 해서 마냥 손 놓고 있을 수는 없습니다. 학교에서, 가정에서 아이들에게 필요한 미디어 교육이 무엇인지 파악하고 부족하지 않도록 살펴보는 일이 어느 때보다 중요해졌습니다.

어떤 아이는 구글로 친구들과 협업하여 UCC 동영상을 만들어 출품하기도 합니다. 반면 어떤 아이는 동영상을 즐겨 보기는 하나 영상 편집에 대해서는 어떤 경험도 없습니다. 모둠 수업 과제를 발표할 때 프레젠테이션 기술을 활용해 발표 효과를 높이는 아이도 있는 반면, 파워포인트나 한글 타자 등 기본적인 컴퓨터 활용 능력이 아예 부재한 아이들도 있습니다. 즉 아이마다 정보 활용 능력의 격차가 큽니다. 어떻게 하면 이러한 정보 격차를 줄일 수 있는지 고민해야 합니다.

정보 격차를 줄이려면 아이들이 미디어 환경에서 소비 경험보다 생산 경험을 더 많이 할 수 있도록 장려해야 합니다. 소비 경험이란 유튜브 시청하기, 게임하기, 웹툰 보기, 인터넷 신문 기사 보기 등 주로 수동적인 형태로 이루어지는 미디어 이용 경험을 말합니다. 반면 생산 경험은 동영상 찍고 편집하기, 사진 편집하기, 자료 업로드하기, 그림판(혹은 다양한 그리기 앱)을 활용하여 그림 그리기, 파워포인트로 발표 자료 만들어 보기, UCC 영상 만들기 등 적극적으로 자신의 창작물이나 결과물을 만들어 보는 온라인 메이커 활동이라고 보면 됩니다.

이를 위해 가정에서도 아이가 생산 경험에 참여할 수 있게 해 주세요. 컴퓨터 타자 연습, 인터넷 검색, 문서 작성, 그림판 등 툴을 이용해 창작물 만들기 등 아이의 현재 능력 안에서 점차 활용도를 높여 고급 단계까지 경험할 수 있도록 해야 합니다.

3, 4학년, 똑똑하게 미디어 활용하기

3, 4학년 아이들이 가장 많이 이용하는 디지털 기기는 스마트폰입니다. 한국언론진흥재단에서 발표한 〈2020 어린이 미디어 이용 실태 조사〉에 의하면 초등학교 고학년의 스마트폰 보유율은 87.7%로 학년이 올라갈수록 스마트폰을 가진 학생 비율이 높으며, 가장 많이 사용하는 스마트폰 기능은 '유튜브 시청'이라는 결과가 나왔습니다. 이를 보면 지금 우리 아이들에게 가장 필요한 미디어 교육은 '스마트폰 현명하게 사용하기'가 아닐까요?

스마트폰 사용을 둘러싼 문제로는 스마트폰 중독, 개인 정보 유출, SNS '왕따' 등이 있습니다. 더 큰 문제는 아이들이 이것을 문제로 인지하지 못한다는 점입니다. 친구의 우스운 사진을 동의 없이 단톡방에 올린 아이, 행운의 편지를 무작위로 보낸 아이, 단톡방에서 친구를 따돌린 아이들을 만나 이야기해 보면 대개 "그게 잘못된 일인지 몰랐어요."라고 이야기합니다. 스마트폰 사용이 먼저이고 그것을 어떻게 잘 활용해야 하는지는 후자가 되다 보니 일어난 일입니다.

학교에서도 정보 통신 윤리 교육을 하고 있습니다. 하지만 이러한 교육이 제대로 효과를 발휘하기 위해서는 학교–가정–사회가 잘 연계되어 이루어져야 합니다. 아이들과 스마트폰 세상에서 일어날 수 있는 문제 상황에 관해 이야기해 보기 바랍니다. 스마트폰을 사용하면서 의문이 든 점이나 이상한 점이 없었는지 물어보세요.

"우리 아이는 6학년까지는 절대 스마트폰을 안 사 줄 거예요."

학교 현장에 있다 보면 이런 이야기를 들을 때가 있습니다. 이런 원초적 차단은 어떻게 봐야 할까요? 그 답을 한번 찾아보았습니다.

정현선 경인교육대학교 국어교육과 교수는 《시작하겠습니다, 디지털 육아》(우리교육, 2017)에서 미디어 교육에 관한 다양한 연구 결과를 바탕으로 디지털 육아를 위한 10가지 지침을 소개하고 있습니다. 10가지 지침의 핵심은 부모가 디지털 세상을 막연하게 두려워해서 무조건 차단하는 것은 해결에 도움이 되지 않는다는 것입니다. 더불어 부모도 동참하여 아이에게 디지털 세계에서 올바르게 항해하는 법을 보여 주고 함께하라고 조언합니다.

"소셜 미디어 사용을 금지하는 것은 사회적 문제를 일으킬 수 있음을 알아야 합니다. 어떤 부모님은 자녀들이 소셜 미디어를 전혀 사용하지 않으면 안전할 것이라고 생각합니다. 그러나 자녀의 사회적 인맥 속에 있는 사람들과 친구들 대부분이 소셜 미디어를 사용하고 있는 상황에서 자녀의 소셜 미디어 상황을 금지하는 것은 자녀가 친구 그

룹에서 배제될 가능성을 높이는 효과밖에는 기대할 수 없습니다."

– 《시작하겠습니다, 디지털 육아》 중에서

우리가 무언가를 제대로 가르치기 위해서는 배제하거나 차단하는 방법이 아닌, 제대로 행할 수 있게 도와주는 방법을 써야 합니다. 아이가 디지털 세상을 살아가야 하고 그것을 거스를 수 없다면 이를 잘 헤쳐 나가는 방법을 시행착오를 통해 배울 수 있도록 해야 합니다. 이때 배움은 혼자 하는 것이 아니라 학교와 부모가 함께해야 합니다.

초등 문해력 LEVEL UP

이 책 어때요?

초등 3, 4학년 아이들의 눈높이에 맞게 다양한 미디어 관련 책이 나오고 있습니다. 동화책부터 지식 책까지 우리 아이들이 현명하고 슬기롭게 미디어를 사용할 수 있도록 다양한 내용을 제시하고 있어요.

1. 《가짜 뉴스를 시작하겠습니다》(김경옥, 내일을여는책, 2019)
2. 《개가짜 뉴스》(신현경, 한겨레아이들, 2020)
3. 《단톡방 귀신》(제성은, 마주별, 2019)
4. 《어린이를 위한 슬기로운 미디어 생활》(권혜령 외, 우리학교, 2020)
5. 《유튜브 스타 금은동》(임지형, 국민서관, 2018)

초등 핵심 문해력

한 페이지 요약

❶ 부모와 함께 온 작품 읽기

· 온 작품 읽기란 책 한 권을 제대로 읽자는 취지로 만들어진 활동으로, 가정에서 아이들과 함께 활동을 진행할 수 있습니다.

· 가정에서 온 작품 읽기가 잘되기 위해서는 첫째, 책을 잘 선택해야 합니다. 둘째, 부모님이 먼저 읽는 가이드 독서를 해야 합니다. 마지막으로 서로 질문을 통해 자연스럽게 이야기를 나눌 수 있어야 합니다.

❷ 다양한 책 읽기와 문해력 프로젝트

· 3, 4학년은 편독이 시작될 수 있는 시기입니다. 또한 책을 대충 읽는 습관이 생길 수 있으니 주의 깊게 살펴봐야 합니다.

· 3, 4학년 시기에 가장 중요한 독서 목표는 '다양한 책 읽기'입니다. 이를 위해서는 '다시 책 읽어 주기' 활동이 가장 효과적입니다.

· 우리 아이만의 문해력 향상 프로젝트가 필요합니다. 거창할 필요는 없습니다. 아이의 상황, 성향, 호기심에 따라 가정에서 할 수 있는 문해력 향상 프로젝트를 기획해 보세요.

❸ 창의적 글쓰기, 월드 플레이

· 즐거운 창작 놀이 '월드 플레이'는 이 시기에 가장 활용하기 좋은 글쓰기 방법입니다.

· 창작이 좋은 이유는 거부감 없이 글쓰기를 배울 수 있기 때문입니다. 누구나 즐겁게 상상하여 글쓰기 활동을 즐길 수 있습니다.

❹ 하루 계획, 하루 노트로 글쓰기 근육 키우기

· 글과 그림으로 구성된 글쓰기 노트인 '하루 노트'는 글쓰기의 기본기를 키우는 활동입니다.

· 매일 세 가지 이상 계획 쓰기를 통해 자연스럽게 글쓰기의 쓸모를 배우는 '하루 계획'을 활용할 수 있도록 해 주세요.

❺ 3, 4학년 말하기 문해력: 감정 말하기 연습

· 갈등이 생겼을 때 서로 대화로 해결하는 연습이 필요합니다. 상대방의 기분을 상하게 하지 않으면서도 나의 마음을 전달하는 '나 전달법', 감정 어휘를 활용하여 내 감정을 전달하는 방법 등은 의사소통 기술의 기본입니다.

· 말하기도 배워야 합니다. 말하기를 익힐 수 있도록 가정에서 아이와 함께 상황극을 하며 연습해 보세요.

❻ 똑똑한 미디어 생활: 3, 4학년

· 이 시기에는 무엇보다 미디어를 현명하게 잘 활용하는 방법을 배워야 합니다. 특히 컴퓨터 타자 치기, 사진 업로드 등 기본적인 컴퓨터 활용 능력에 관심을 가져 주세요.

· 무언가를 잘 가르치려면 차단하고 배제하는 것이 아니라 현명하게 다루는 방법을 알려 주어야 합니다.

(4장)

초등 핵심 문해력의 완성 : 5, 6학년

1

5, 6학년, 단단한 독서가로 만들기

마음을 키우는 단단한 독서

학기 초, 6학년 아이들에게 책을 읽어 주겠다고 말했을 때였습니다.

"선생님! 책 읽어 주기는 동생들한테나 하는 거잖아요."

"지루해요."

"재미없어요!"

아이들의 반응에 저는 무척 당황했습니다. 시간이 지나자 학기 초와 달리 아이들도 책 읽어 주기 활동을 좋아하게 되었지만 그때는 '책 읽어 주기를 그만둬야 할까?' 고민했었어요.

뭔가를 시도할 때 그것이 제 생각과 다르면 고학년 아이들은 그대로 표현합니다. 어른에 대한 반항도 본격적으로 시작되는 시기라 생활 지도가 힘든 학년입니다. 자기 정체성에 대한 고민을 하며 남과 비교하기 시작하고 친구와의 관계나 학업에 대한 고민도 많아지는 시기지요.

"어떻게 공부해야 할지 모르겠어요."

"친한 친구가 없어요. 예전부터 그랬어요."

"학교 가기 싫어요. 학교만 오면 머리가 아파요!"

이렇게 다양한 문제가 곪아서 터져 나오기도 합니다.

이야기에는 치유의 힘이 있습니다. 저는 이런 고민을 하는 아이들에게 도움이 될 만한 이야기를 들려주었습니다. 또래 친구와의 관계로 힘들어하던 6학년 학생에게는 《체리새우: 비밀글입니다》(황영미, 문학동네, 2019)라는 책을 권했습니다. 이 책을 읽은 아이에게 물어보았습니다.

"이 책 어땠니?"

"선생님, 우리 이야기잖아요. 당연히 좋았죠."

아이가 무척 만족스러운 표정으로 말했습니다.

5, 6학년 시기의 책 읽기는 마음을 키우는 독서여야 합니다. 그

래서 저는 이 시기의 독서를 '단단한 독서'라고 부릅니다. 단단한 독서란 바람에도 흔들리지 않는 뿌리 깊은 나무로 만들어 주는 독서를 말합니다. 친구 관계로 힘들 때, 진로 고민이 있을 때, 자신감이 사라질 때 내 마음을 읽어 주는 책을 통해 단단한 내면을 만드는 독서입니다. 이를 위해서는 책 읽는 습관이 정착되어야 하고, 잘 읽을 수 있어야 합니다. 책을 통해 자기 위안과 내적 힘을 얻기 위해서는 책이라는 텍스트를 읽어 내는 힘을 기본 바탕으로 갖추고 있어야 합니다.

단단한 독서가로 만드는 방법

단단한 독서가가 되기 위해서는 다음 네 가지를 갖추어야 합니다.

첫째, 읽기의 생활화입니다. 이를 위해서는 어떻게 해야 할까요? 초등 고학년은 또래 문화가 강한 학년입니다. 이러한 성향을 알면 친구와 함께 책을 읽는 방법을 모색해 볼 수 있습니다. 저는 이 방법을 '책 벗 만들기'라고 부릅니다. 책 벗과 책을 교환해서 읽기도 하고, 책과 관련된 발표도 같이하도록 하였습니다.

가정에서는 어떻게 책 벗을 만들어 줄 수 있을까요? 부모가 책 벗이 되어 함께 독서 경험을 공유하면 됩니다. 같이 도서관에 간다거나 도서관 독서 행사에 참여하면서 경험을 함께 나누는 것입니다. 친한 친구끼리 서로 책을 빌려주고 추천하는 기회를 만들어 주는 것도 좋습니다. 아이들끼리 책 벗이 될 수 있게 독서 모임을 시작해 보세요. 거창한 독서 모임이 아니라도 아이들끼리 모여서 책을 추천할 기회가 있다면 책 읽기가 좀 더 편안하게 다가올 수 있습니다. 아이들은 친구와 하는 활동을 즐겨 하니까요.

둘째, '잘 읽는 나'가 되어야 합니다. 그동안 자분자분 잘 쌓아 올린 어휘 실력을 바탕으로 능숙한 독자가 될 수 있게 글을 꼼꼼하게 읽고 이해하는 능력을 키워야 합니다. 또한 다양한 전략을 바탕으로 글에 녹아 있는 주제와 저자의 의도를 파악해야 합니다. 이때 다양한 전략이란 자신이 글을 잘 읽었는지 따져서 알 수 있는 자기 모니터링 전략, 글을 읽다가 모르는 부분이 나오면 다시 앞의 내용으로 돌아가 살펴보는 수정 전략, '주인공은 왜 이런 말을 했을까?' '등장인물의 이 행동은 무엇을 의미하는 것일까?'를 생각하는 질문 전략을 말합니다.

또한 읽기에는 읽기 전, 중, 후의 과정 읽기가 필요합니다. 아이가 읽기 전에 훑어 읽기 전략을 통해 스스로 이 글을 읽는 목적과 의도를 분명히 해야 합니다. 어디로 가는지 잘 모르는데 어떻게 도착지에 도착할 수 있을까요? 글을 읽는 이유를 파악하는 습관이 필요합니다. 고학년 아이라면 이러한 독서 전략을 잘 활용할 줄 알아야 합니다. 독서 전략이 있어야 능숙한 독자가 될 수 있습니다.

셋째, 나만의 독서 분야가 있어야 합니다. 독서 습관과 읽기의 힘이 갖추어졌다면 자기만의 읽기 방법과 자기가 좋아하는 책 장르를 만들어야 합니다. 제가 생각하는 바람직한 독자는 한 분야만 깊게 파는 스페셜리스트가 아닙니다. 깊고 넓은 스펙트럼을 가진 독자입니다. 즉 아이가 다양한 책을 읽을 줄 알면서 좋아하는 장르, 작가, 주제가 있으면 금상첨화입니다.

6학년 때 만난 재훈이가 그런 독자였습니다. 다양한 책을 읽는 스타일이었지만 특히 과학책을 무척이나 좋아했습니다. 6학년 2학기에는 책상 위에 늘 칼 세이건의 《코스모스》가 놓여 있었습니다. 그 아이를 6학년 내내 지켜보면서 '재훈이에게는 학교 교과서 내용이 참 쉽겠구나.'라는 생각이 들었습니다.

"이 책은 정말 어려운데요, 꼭 완독하고 싶어요!"

재훈이가 제게 했던 말입니다. 아이가 《코스모스》를 정말 완독했는지는 모르지만 책을 통해 앎의 세계로 진입했다는 건 축복할 일이라는 것을 알았습니다. 자기만의 책 취향이 있는 아이라면 책 읽기를 멀리하지 않을 거라는 확신도 들었습니다.

마지막으로 단단한 독서가의 목표는 '읽기의 힘 느끼기'입니다. 읽기의 효용 및 가치를 알게 되는 순간이 있어야 합니다. 책이 그저 지식 전달의 수단, 즐거움의 수단이 아닌 내가 가진 문제를 해결해 줄 수 있는 좋은 조언자, 코치가 될 수 있다는 것을 알게 되는 순간입니다.

사춘기에 돌입하는 초등 고학년 아이들은 자아 정체성에 대한 고민과 2차 성징 등으로 인해 혼란을 겪으며 그동안 당연하게 생각했던 것들에 의문을 갖기 시작합니다.

'공부는 왜 해야 할까?'

'나는 무엇을 잘할까?'

'남들이 보는 나는 어떨까?'

내 안에 질문도 많아지지만 속 시원하게 대답해 주는 사람이 없다는 생각에 외롭습니다. 자기 안의 질문을 해결하는 좋은 방법 중 하나가 책 읽기입니다. 롤 모델을 찾을 수 있는 것도 책이고, 질문의 해답을 찾을 수 있는 것도 책입니다. 그래서 이 시기 아이들에게 주인공의 성장통, 모험, 고난과 역경이 가득한 이야기책을 많이 읽으라고 합니다. 아이들이 이러한 이야기를 통해 주인공처럼 잘 극복하고 성장하기를 바라는 마음으로 말입니다. 아이들이 이런 책을 읽으면서 답답했던 질문의 답을 찾아 가고 그것을 통해 책의 가치를 알아 가기를 바랍니다.

2

고학년, 주제 독서가 필요한 시기

책을 좋아하는 아이라면 주제 독서를!

'주제 독서'는 말 그대로 자신이 좋아하는 주제에 관한 책을 여러 권 읽고 지식을 쌓아 올리는 것을 말합니다. 저는 6학년 2학기 때 아이들에게 '주제 노트'라는 것을 쓰게 했습니다. 1학기 동안에는 자신이 좋아하는 주제를 찾아보라는 과제를 주었고요.

저희 반에는 코딩을 좋아하는 아이가 있었습니다. 교내외 코딩 대회에서도 좋은 성적을 거두었어요. 로봇이나 새로운 과학

기술 분야도 좋아해서 그 아이에게는 관련 도서를 다양하게 읽게 했습니다. 아이는 로봇에 관한 책을 읽고 노트에 만화를 그리기도 하고, 자기만의 코딩법을 노트에 적기도 했답니다. 2학기가 되자 본격적으로 아이에게 '주제 노트'로 과학과 기술 분야에 관한 내용을 찾아 읽고 정리하도록 했습니다. 싱킹 맵 등의 정리 기법을 통해 자기만의 연구 노트를 만들게 한 것입니다.

학부모님은 이런 아이의 독서 취향을 보고 "우리 아이가 너무 한쪽으로 치우친 독서를 하는 것 같아요." 하며 걱정했는데요. 고학년부터는 관심사를 확장해 주는 것도 좋은 독서 교육이라고 봅니다. 주제 독서에 대해 좀 더 자세하게 알아볼까요?

주제 독서를 알기 위해서는 모티머 애들러라는 독학자 출신의 독서학자를 알아야 합니다. 애들러는 책을 통해 스스로 전문가로 발전했습니다. 그는 독서를 네 가지 수준으로 나누어서 설명하는데 이 중 마지막 4수준이 주제 독서에 해당합니다.

모티머 애들러의 독서 수준

· 1수준: 초급 독서, 어린이가 읽기와 쓰기를 습득하기 위한 수준

· 2수준: 점검 독서, 주어진 시간 안에 될 수 있는 대로 충분히 내용을 파악하는 수준

· 3수준: 분석 독서, 자신이 읽은 책을 철저하게 파악하는 수준

· 4수준: 신토피컬 독서, 하나의 주제에 대하여 몇 권의 책을 관련지어 읽어 내는 수준

4수준에 해당하는 독서는 '신토피컬 독서'라고 하는데, 이때 '신(syn)'은 '함께'라는 뜻이고 '토피컬(topical)'은 '주제'라는 뜻입니다. 즉 주제에 알맞은 여러 권의 책을 읽어 나가는 통합 독서입니다. 통합 독서는 곧 주제 독서라고 볼 수 있습니다. 이 독서법을 왜 초등 고학년, 그중에서도 책을 제법 잘 읽는 아이에게 권할까요?

바야흐로 '덕후'의 시대입니다. 한 분야에 열중하는 사람을 '덕후'라고 합니다. 예전에는 '괴짜 같다'며 폄하되었던 이들이 이제는 한 분야의 전문가로서 대접받고 있습니다. '덕후'는 다양한 방법으로 자신이 좋아하는 분야의 전문 지식과 노하우를 쌓아 갑니다. 때로는 직접 해 보기도 하고, 그 분야의 고수들을 따라 하기도 합니다. 책을 통해 자신이 좋아하는 분야를 배워 나간다면, 그럴 기회를 준다면 어떤 일이 벌어질까요?

초등 고학년은 자신의 진로를 고민하는 시기입니다. 곧 이어지는 중학교 생활에 대한 기대감과 두려움도 안고 있습니다. 중학교에 가면 '자유 학기제'라는 제도가 있습니다. 이 제도를 잘 누리기 위해서는 자신이 좋아하는 분야가 있고 그 분야에 지식이 어느 정도 쌓여 있어야 합니다.

주제 독서를 통해 아이들이 자신만의 분야를 개척하고 거기서 자그마한 지식이라도 쌓아 나간다면 중학교 생활에 좀 더 자신감을 갖지 않을까요?

주제 독서가 좋은 이유

주제 독서는 '학습자 중심의 독서'입니다. 학습자 중심의 독서는 독자의 내적 독서 동기를 강화합니다. 오랫동안 아이들을 지켜보면서 흥미로운 점을 하나 발견했습니다. 바로 아무리 "공부하기 싫어요."를 외치는 아이라도 자신이 좋아하는 일에는 열정을 보인다는 것입니다.

주제 독서는 자신의 주변을 둘러싼 환경에 관심을 갖게 하고 공부의 의미를 확장해 줍니다. 공부는 학교에서 배우는 내용뿐만 아니라 내가 관심있어 하는 것, 좋아하는 것을 탐구하고 연구하고 알아보는 것이라는 것을 알려 줍니다.

또한 주제 독서는 고학년 때 시작하는 '진로 교육'에 영향을 줍니다. 이 시기 아이들은 자신의 정체성에 대해 고민합니다.

'내가 무엇을 잘할 수 있을까?'

'그것을 잘하려면 어떻게 해야 할까?'

그런 아이만의 내밀한 고민을 주제 독서를 통해 조금씩 풀어나갈 수 있습니다.

마지막으로 주제 독서를 통해 아이와 대화의 물꼬를 틀 수 있습니다. 고학년 아이들과 생활할 때면 사춘기가 시작되고 예민해지는 시기라 늘 조심스러웠습니다. 그럴 때 아이가 무엇에 관심이 있는지 알고 이야기를 나누다 보면 쉽게 친밀감을 형성할 수 있다는 것을 알았습니다.

가정에서도 마찬가지입니다. 부모가 먼저 아이의 관심사를 챙겨 주면 자연스럽게 이야기를 나눌 수 있는 좋은 시간이 될 거라 믿습니다.

주제 독서법 활용하기

주제 독서의 좋은 점을 알아보았습니다. 그렇다면 어떻게 이것을 가정 내에서 실천할 수 있을까요? 주제 독서는 가정에서도 쉽게 접근할 수 있어야 합니다. 가정에서 주제 독서를 시작할 수 있는 방법을 알아보겠습니다.

첫째, 책장 한 칸을 비워 놓고 아이의 주제 독서 책을 모아 보세요. 눈에 보이기 시작하면 자신이 정한 주제가 무엇인지, 이것을 어떻게 연결하고 확장해야 하는지 가늠할 수 있습니다. 아이 눈에 잘 띄는 책장 한 칸을 비우고 그 책장에 아이가 좋아하는 책을 모아 주세요. 주제 중심도 좋고 작가 중심도 좋습니다. 좋아하는 작가의 책만 모아 두는 아이도 봤습니다. 이왕이면 옆 칸에 부모님의 주제 독서 책도 함께 두면 어떨까요? 아이와 함께 주제 독서 책을 모으는 작업부터 시작해 보세요.

둘째, '주제 독서를 위한 노트'를 준비해 주세요. 노트를 마련하고 쓰는 게 번거롭다고 생각할 수도 있습니다. 하지만 주제 독서는 일회성이 아닙니다. 자신이 열정이 쏟는 분야에 마음을 주고 기억하고 새로운 아이디어를 발견하는 시간이 축적되어야 하는 독서입니다. 그래서 더욱 노트가 필요합니다.

자칫하면 주제 독서 노트가 아이에게 또 다른 과업으로 다가갈 수 있습니다. 이럴 때는 아이에게 자신이 좋아하는 주제에 관해 생각하는 도구로서 노트를 활용하라고 이야기해 주세요. 노트 자체가 중요한 것이 아니라 꾸준히 읽어 나가는 주제 독서의 가치를 발휘할 수 있는 하나의 도구로서 노트를 활용하면 된다고 말이지요. 그래서 노트에는 메모하듯 끄적거려도 좋고 그림이나 다양한 기호로 표시해도 좋습니다. 주제 독서 노트에 기록의 의미로, 지식 생산의 도구로 접근할 수 있도록 해 주세요.

마지막으로 책 너머 체험으로 확장해 주세요. 그동안 아이가 책으로만 관심사를 접했다면 다음 단계에서는 실제와 연결될 수 있도록 해 주세요. 다른 사람이나 기관의 도움을 받아도 좋습니다. 6학년 학생 중에 웹 소설에 푹 빠진 아이가 있었습니다. 저는 그 아이가 좋아하는 장르를 지지하면서도 아이가 글쓰기, 작가, 청소년 글쓰기 공모전 등에 관심을 갖고 도전할 수 있도록 격려

했습니다. 아이와 웹 소설 작가가 되기 위해 갖춰야 할 덕목에 대해서도 이야기를 나누었습니다. 웹 소설 쓰기에도 결국 꾸준히 책을 읽고, 많이 쓰는 글쓰기의 기본 원칙이 적용되기 때문에 아이에게도 이러한 조언을 아끼지 않고 나누었습니다. 그 아이는 저와의 대화 끝에 중학교에 입학하면 청소년 대상 글쓰기 교실을 다니겠다며 의지를 다졌습니다. 하나의 예이긴 하나 아이의 관심이 책에만 갇혀 있지 않도록, 책을 넘어 자신의 주제 분야와 관련하여 다양한 도전을 할 수 있도록 기회를 주는 것도 꼭 필요한 일입니다.

주제 독서는 초등 고학년에서 끝날 것이 아니라 중학교, 고등학교 진학 후에도 이어질 수 있도록 안내해야 합니다. 자신의 관심사를 통해 끊임없이 자신이 잘할 수 있는 일과 관심 있는 일을 살펴보는 것은 미래의 삶에 꼭 필요한 덕목이기 때문입니다.

3

초등 고학년은 논리적 글쓰기를 배우는 시기이다

초등 학년별 글쓰기 방법

독서와 글쓰기 관련 커뮤니티에 글을 쓴 적이 있습니다. 그때 댓글이나 쪽지로 많은 질문을 받았습니다. 제게는 그러한 질문이 참 소중합니다. 초등 학부모님이 아이의 독서와 글쓰기에 대해 현실적으로 어떤 고민을 하고 있는지 알 수 있기 때문입니다.

최근에는 주로 저학년 때부터 논술을 배워야 하는지, 글쓰기 학원을 다니는 것이 좋은지에 대한 질문이 많았습니다. 그럴 때마다 글쓰기에도 연령에 맞는 적기 교육이 있다는 생각을 떠올리게 됩니다. 이것만 잘 알고 있다면 조급해할 필요가 없기 때문입니다.

연령별 글쓰기의 핵심 과업은 다음과 같습니다.

초 1, 2학년

· 핵심 과업: 쓰기에 흥미 갖기

· 해 볼 수 있는 활동: 그림일기 쓰기, 자기의 경험이 들어간 동시 짓기, 말놀이, 낱말 퀴즈 놀이, 하루 한 문장 쓰기

초 3, 4학년

· 핵심 과업: 글쓰기 근육 키우기

· 해 볼 수 있는 활동: 관찰 일기, 독서 일기, 감사 일기 등 다양한 형태의 일기 쓰기, 독서 감상문 쓰기, 매일 짧은 글 쓰기, 창작 글쓰기

초 5, 6학년

· 핵심 과업: 논리적 글쓰기

· 해 볼 수 있는 활동: 설명 글 쓰기, 논술문 쓰기, 베껴 쓰기, 주제 글 쓰기, 긴 글 쓰기

초등 연령별 글쓰기 활동을 무 자르듯 딱 잘라 제시할 수는 없

습니다. 일기 쓰기만 하더라도 저학년 때 배우지만 3학년, 4학년까지도 이어서 할 수 있습니다. 독서록 쓰기도 3, 4학년 때 배우지만 5, 6학년까지 쭉 이어서 할 수 있는 것처럼요.

앞서 제시한 글쓰기 과업은 그 연령대라면 꼭 숙달해야 하는 글쓰기 활동을 제시한 것입니다. 이러한 과업을 제대로 성취해야 초등 고학년 시기에 논리적 글쓰기가 수월해집니다. 각 단계의 핵심 과업이 어긋나기 시작하면 고학년 글쓰기에 영향을 줄 수 있습니다. 그러한 이유로 부모님들이 글쓰기 선행 학습을 고민하는 것 아닐까요? 이러한 고민은 적기에 맞는 글쓰기 활동을 제대로 배움으로써 해결할 수 있습니다.

논술은 어떤 글쓰기인가요?

초등에서 논술은 논리적 글쓰기를 말합니다. 정확하게 말하자면 논술은 어떤 의견에 대해 자신의 의견이나 주장을 제시한 다음 여러 가지 근거를 제시하는 논리적 과정을 기술하는 것을 말합니다. 논술에는 보통 두 가지 형태가 있습니다. 하나는 자료 제시형으로, 주어진 자료를 읽고 질문에 대해 자신의 생각을 논리적으로 적는 것입니다. 또 다른 형태는 논제 제시형으로 '초등학생에게 스마트폰은 필요한가?' 등과 같이 제기된 문제에 자신의 생각을 논리적으로 적는 것입니다. 초등학교 현장에서는 이러한 논술을 어떻게 다루고 있는지 살펴보겠습니다.

6학년 국어 교과서에 나오는 논술 관련 내용입니다.

주장과 근거를 판단해요(6-1학기, 4단원)
다양한 주장 살펴보기
논설문의 특성을 생각하며 글 읽기
내용의 타당성과 표현의 적절성 판단하기
타당한 근거를 들어 알맞은 표현으로 논술문 쓰기

타당한 근거로 글을 써요(6-2학기, 3단원)
글 읽고 주장 찾기
주장에 대한 근거가 적절한지 판단하며 글 읽기
논설문을 쓸 때 알맞은 자료를 활용하는 방법 알기
상황에 알맞은 자료를 활용해 논설문 쓰기
더 좋은 우리 동네를 만들기 위한 논설문 쓰기

6학년 국어 교과서에는 1학기, 2학기로 나뉘어 본격적인 '논술' 단원이 나옵니다. 아이들은 주장하는 글의 특성을 알아보고, 주

장하는 글이 서론, 본론, 결론으로 구성되어 있다는 것을 안 뒤 직접 주장하는 글을 써 보기도 합니다. 물론 그 전에 3, 4학년 교과 과정에도 주장하는 글에 관한 내용이 나옵니다. 3, 4학년에서는 주장을 뒷받침하는 근거를 들어 자신의 의견이 뚜렷하게 나타나는 주장하는 글을 쓰는 활동이 제시됩니다. 마치 탑 쌓기처럼 차곡차곡 쌓아 올려 완성하는 것입니다.

실제로 6학년 아이들의 논설문 쓰기를 지도해 보면 근거가 부족한 아이, 논술의 내용 구성 방식인 서론, 본론, 결론에 대해 개념조차 없는 아이 등 천차만별입니다. 반면에 탄탄한 근거를 바탕으로 자기 생각을 논리적으로 표현하는 아이도 있습니다. 이 차이는 어디서 오는 걸까요?

논술은 하루아침에 가능한 공부가 아닙니다. 논술 실력은 다년간 쌓아 올린 읽기 실력과 평소 자신의 의견을 논리적으로 펼치는 사고 능력까지 더해져야 발휘되는 능력입니다. 논술 한 편을 써 보면 탄탄하게 책을 읽는 습관과 태도, 풍부한 어휘와 깊은 사고가 필요하다는 것을 알게 됩니다. 읽기 능력과 사고 능력, 구성 능력 등이 모두 어우러져야 합니다.

초등 고학년 논술 지도는 어떻게 하나요?

직접 논술 쓰기를 지도하는 방법으로는 무엇이 있을까요? 논술을 잘 쓰려면 잘 읽고 깊게 생각하고 잘 표현해야 한다는 기본 원리를 빼고, 논술도 글의 한 종류라고 본다면 말입니다. 역으로 아이가 논술 쓰기를 집중적으로 배우면서 글쓰기에 흥미를 느낄 수도 있고, 더 잘 쓰기 위해 책을 읽을 수도 있지 않을까요?

학교에서 초등 저학년, 중학년 시기만 하더라도 글쓰기가 어렵고 힘들어 책도 안 읽던 아이가 6학년 국어 시간에 주장하는 글과 근거를 적는 활동에서 칭찬을 받으면서 글쓰기에 흥미를 느끼고 열심히 하는 것을 본 적이 있습니다.

글 쓰는 법을 배우고 나서 글을 잘 쓰기 위해 노력하기 시작하는 아이들도 있습니다. 아이가 고학년이 되었다고, 우리 아이는 읽기도 쓰기도 싫어한다고 포기하지 마세요. 학습에 대한 열의와 동기는 언제 어디서 발휘될지 모르니까요.

초등 논술 지도에도 약간의 팁은 있습니다. 가정에서 부모와 함께할 수 있는 논술 지도법 네 가지를 소개하겠습니다.

· 좋은 논설문을 분석하라.

· 친구의 잘 쓴 글을 자주 살펴봐라.

· 첨삭을 받아라.

· 모방하고 다시 써라.

첫째, 좋은 논설문을 분석합니다. 어떤 글이 좋은 글인지 알아야 좋은 글을 쓸 수 있습니다. 이것이 글쓰기를 배우는 첫 단계입니다. 좋은 논설문은 어디에 있을까요? 당연히 교과서에 있습니다. 교과서에 제시된 논설문을 아이와 함께 살펴보세요. 서론, 본론, 결론 부분이 어떻게 나누어져 있는지 말입니다. 저는 시중에 나와 있는 학습 교재의 발췌문을 살펴보기도 합니다. 좋은 글을 분석하는 것이 시작입니다.

둘째, 친구의 잘 쓴 글을 자주 참고합니다. 초등 고학년 아이들은 또래 친구를 통해 많이 배웁니다. 평소 좋아하는 아이가 있다면 그 아이가 하는 것을 따라 하고자 하는 모방 심리가 있습니다. 글도 마찬가지입니다. 학교에서 아이들에게 잘 쓴 글을 보라고 독려합니다. 신문에도 아이들의 잘 쓴 글이 게재된 경우가 있습니다. 그런 글을 활용하여 또래 친구들이 어떤 수준의 글을 쓰는지 살펴보도록 해야 합니다.

셋째, 첨삭을 받도록 합니다. 논설문은 구성과 형식이 있는 글입니다. 주장이 적절한지, 근거가 합리적인지, 즉 내용이 타당하고 근거가 제대로 들어 있는지 체크해야 합니다. 부모님이 첨삭

해 주셔도 됩니다. 다음에 제시된 간단한 첨삭 기준안을 살펴봐 주세요.

· 근거가 주장과 관련이 있는가?

· 근거가 주장을 잘 뒷받침하는가?

· 믿을 만한 자료를 제시하였는가?

· 내용이 잘 구조화(서론—본론—결론)되어 있는가?

마지막으로 모방하고 다시 쓰기를 합니다. 모방하기는 베껴 쓰기라고 보면 됩니다. 잘 쓴 논설문이 있다면 처음부터 끝까지 베껴 쓰라고 해 보세요. 베껴 쓰기를 한 후, 그것을 복기하면서 써 보는 활동을 통해 글쓰기의 감을 익히는 것입니다. 베껴 쓰기는 작가들도 많이 하는 글쓰기 방법 중 하나입니다. 내가 마치 그 작가가 되어 체화하듯 글을 써 보는 활동이므로 단어를 하나하나 보면서 쓰는 게 아니라 문장 단위로 끊으면서 쓰도록 해야 합니다. 다소 어렵고 번거로운 활동이긴 하나 글쓰기 실력을 높일 수 있는 방법입니다.

4

북 토크는 가장 자연스러운 독서법이다

초등 고학년은 누구보다 친구를 좋아하고, 어른에 대한 반항이 시작되지만 아직은 미성숙해 어른의 도움을 받아야 하는 시기입니다. 이런 아이들을 책으로 이끄는 방법은 무엇일까요? 제 고민은 항상 거기에 맞닿아 있었습니다. 고학년 아이들의 마음을 사로잡는 독서 교육을 위해 가장 먼저 한 일은 고학년의 독서 특징을 알아보는 것이었습니다.

《독서지도 어떻게 할 것인가 1》(황정현·이상진, 에피스테메, 2008)에서는 초등 5~6학년의 독서 특징을 다음과 같이 이야기합니다.

초등 5, 6학년 아이들의 독서 특징

· 독서의 이해력과 속도가 증가하고 독서 기술이 발달한다.

· 기초 독해 기능을 기르는 단계로 의미 중심으로 글을 읽는 시기이다.

· 가공된 이야기, 소년 문학, 모험이나 탐험 이야기, 과학 이야기 등을 즐긴다.

· 인물의 인간적 고민을 다룬 전기, 역사 소설, 통속 문학 등을 즐겨 읽는다.

· 성장 소설, 특히 우정이나 협동심, 사회적 정의를 주제로 다룬 책을 읽는다.

이런 특징을 참고해서 독서 방법을 고민할 때 만난 책이 있습니다. 《하루 30분 혼자 읽기의 힘》(낸시 앳웰, 최지현 옮김, 북라인, 2009)의 저자 낸시 앳웰은 훌륭한 독서가입니다. 또 20년 가까이 일한 독서 교육 전문가이자 학교 현장 실천가이기도 합니다. 이 책에서 제시한 독서 교육 이야기 중에서 저를 사로잡은 것은 '북 토크'였습니다.

북 토크가 아이들에게 미치는 영향

앳웰이 말한 북 토크는 딱딱한 독서 토론이 아닙니다. 그냥 아이들이 동그랗게 앉아 자신이 읽은 책 중에서 좋았던 책이나 나빴던 책에 관해 이야기하는 것을 말합니다. 10점 만점에 몇 점인지 점수를 매기기도 하고요. 대부분 추천 도서로 이야기를 시작하며 1, 2분 내외로 주인공이 누구인지, 어떤 사건이 일어났는지, 인상적인 장면은 무엇이었는지 등 책에 대한 간단한 소개를 한다고 보면 됩니다. 책을 소개하는 사람이나 이를 듣고 있는 사람 모두에게 부담 없는 대화이지요.

이런 방식이라면 가정에서도 충분히 할 수 있지 않을까요? 저녁을 준비하면서 혹은 아이와 산책하면서 아이와 책에 관한 대화를 할 수 있는 기회를 만드는 것입니다.

저는 5년 전부터 북 토크 아이디어를 적용해서 한 달에 한 번, 매월 마지막 주 창의적 체험 활동 시간에 진행하였습니다. 먼저 3월에는 아이들에게 최근에 읽은 책 중에서 가장 추천하고 싶은 책을 가지고 오라고 했습니다. 처음에는 어리둥절해했던 아이들도 3월에 한 번 북 토크 시간을 보내고 나서는 큰 부담 없이 진행되는 북 토크의 매력을 알게 되었습니다. 이후에는 좀 더 체계적으로 진행했습니다. 평소 흥미가 없었던 장르의 책을 선택해서 읽고 추천하기, 친구와 함께 같은 책을 읽고 추천하기, '도전 독서'라고 해서 두꺼운 책 읽고 추천하기 등의 활동을 하며 약간의 가이드도 제공했습니다. 북 토크를 잘하기 위해서는 아이들과 자주 도서관을 방문하고, 선생님이 읽은 책을 자주 소개하는 것도 필요합니다.

아이들에게 관심을 가져 주고 이끌어 주는 만큼 교육적 효과가 큽니다. 북 토크의 좋은 점은 아이들이 독서 시간을 주도한다는 것입니다. 선생님이 어떤 책을 읽으라고 선정하지 않습니다. 스스로 소개하고 싶은 책을 찾아 읽고, 이 책을 소개하려면 어떤 점에 중점을 두어야 하는지 파악해야 합니다.

북 토크의 가장 큰 매력은 책 소개하기 시간이 끝난 후입니다.

"나도 저 책 읽고 싶어!"

친구의 책 소개로 재미있고 좋은 책을 만나면 읽고 싶어지고 읽을 수 있다는 독서 동기가 올라갑니다.

또한 북 토크는 똑같은 책을 대하는 사람들의 반응이 다르다는 것을 알게 해 줍니다.

"나도 저 책 읽었는데 재미있었어."

"와, 나는 저렇게 두꺼운 책은 못 읽겠는데."

아이들의 반응은 천차만별입니다. 또래 친구들 사이에서도 책에 대한 호불호가 다르고 읽기 능력이 다르다는 것을 알아 가게 됩니다. 이를 통해 자극을 받기도 하고, 또 친구가 자신과 같은 장르를 좋아한다는 이유로 동질감을 느끼기도 합니다.

그렇다면 선생님인 저에게 북 토크는 어떤 매력이 있을까요? 북 토크를 진행하면서 저는 두 가지를 알아 갑니다. 바로 아이의 독서 취향과 독서 수준입니다. '저 아이는 이런 책을 좋아하는구나.' 하고 파악이 되면 아이의 흥미를 돋울 만한 책을 소개할 수 있습니다.

북 토크를 할 때 아이들은 자신을 속이지 않습니다. 자신이 소개하는 책의 수준이 곧 아이의 독서 수준임을 알 수 있습니다. 5, 6학년인데도 초등 저학년 도서나 그림책 위주로 소개하는 아이들을 보면 아직 글이 많은 책을 두려워한다는 것도 알 수 있습니다. 이런 아이들은 개별 독서 지도를 하면서 글이 많은 책을 읽을 수 있도록 유도합니다.

가정에서 북 토크는 어떻게 하나요?

가정에서도 얼마든지 북 토크를 할 수 있습니다. 매주 금요일, 매월 마지막 주 등 정해진 요일과 시간에 아이들과 서로 책을 추천하고 이야기하면 자연스럽게 가족 독서로 이어질 수 있습니다. 그런 시간을 갖기에는 아직 힘들다면 책에 대한 자연스러운 대화로 접근해 보세요. 어린 시절 읽었던 책 이야기만으로도 충분합니다. 초등학교 시절을 떠올려 보세요. 그 시절 읽었던 책 중에서 어떤 책이 기억에 남아 있나요? 저는 《플랜더스의 개》와 《성냥팔이 소녀》가 가장 기억에 남습니다. 개를 좋아하는 제 아이에게 《플랜더스의 개》 이야기를 들려준 적이 있습니다.

"엄마는 이 이야기를 만화로 본 적이 있어. 그런데 책으로 읽어 보니까 더 감동적이더라. 《플랜더스의 개》라는 책인데……."

아이에게 마지막에 무척 슬펐다는 이야기를 하고 뒷이야기를 들려주지 않으니 스스로 책을 읽겠다고 했습니다. 글이 꽤 묵직하고 어려웠지만 아이가 읽으면서 엄마가 들려준 이야기와 비슷한 점을 찾기도 하고 스스로 알게 된 내용을 저에게 말하기도 하더라고요. 이렇게 자연스럽게 시작하면 됩니다.

온 가족이 함께 책을 읽는 문화를 만들어 보세요. 특별한 형식이 없어도 좋습니다. 아이와 마주 보다가 자연스럽게 책 이야기를 나누어도 좋습니다. 아이가 언제 어디서나 책을 쉽게 접하도록 여기저기 다양한 책을 놓아두세요. 식탁이나 탁자 위, 침대 옆 등 아이의 손이 닿는 곳마다 책을 두고 책에 관심을 보일 때마다 함께 이야기를 나누어 보세요. 그것이 바로 북 토크입니다.

5

5, 6학년 말하기 문해력: 토론의 힘

본격적으로 독서 토론을 해 볼 수 있는 시기, 5학년

많은 부모님이 토론 수업에 관심을 갖고 궁금해합니다.

"언제 토론 학습을 해야 할까요?"

"토론이 정말 필요한가요?"

토론 수업을 할 수 있는 나이가 꼭 정해진 것은 아니지만 본격적으로 할 수 있는 나이는 초등 5학년이라고 생각합니다. 이때 아이들은 비판적이고 논리적인 사고가 가능해집니다. 외부 세계에 관심을 갖게 되고 자신의 의견을 피력하기도 합니다. 5학년 아이들을 맡았을 때 한번은 저희 반 아이가 이렇게 말했습니다.

"선생님, 토론 수업이 정말 재미있어요! 다음에 또 해요."

토론이 재미있다니! 이 얼마나 기특하고 대견한 일입니까? 정말로 아이들은 토론 수업을 좋아했습니다. 제가 했던 방식은 신호등 토론입니다. 한 주제에 대해 배심원단을 두고 한쪽은 찬성, 한쪽은 반대가 되어 서로 상대방에게 자신의 의견이 맞는다는 것을 내세워야 합니다. 반론 기회도 공평하게 주고 최종 변론까지 진행했습니다. 이후 배심원단이 찬성이냐, 반대냐를 이야기할 수 있도록 했습니다. 형식을 제대로 갖추기보다는 아이들이 토론이란 자신의 주장을 합당한 근거를 토대로 펼치는 과정임을 배우고 이를 통해 민주주의 합의 과정을 알 수 있도록 하는 정도였습니다.

그래도 이러한 경험을 하게 되니 아이들은 토론이 엄청 대단한 것은 아니나 손에 땀을 쥐는 경기처럼 약간의 긴장감이 있고, 자신의 주장에 반박하지 못하는 상대방을 보며 자신의 의견이 좀 더 합리적임을 증명하는 과정에서 오는 희열이 있다는 것을 알게 되었습니다.

아이들에게 어떤 주제에 대해 의견을 말하고 근거를 제시할 기회를 주세요. 그때 아이의 두뇌에서 그 나이에 맞게 시냅스가 연결되면서 토론하는 뇌로 바뀔 수 있습니다. 경험이 참 중요하다는 것을 알게 된 시간이었습니다.

토론은 스몰 토크부터 시작하자

토론을 거창하게 시작할 필요는 없습니다. 짬뽕이냐 짜장이냐, 여름이 좋냐 겨울이 좋냐, 산이냐 바다냐. 이렇게 간단한 취향을 묻는 것부터 시작해도 좋습니다. 다만 왜 그것이 더 좋은지 합당한 근거, 즉 까닭을 이야기해야 합니다.

가정에서도 할 수 있습니다. 가족 여행을 계획할 때 선택지를 두고 아이와 함께 토론해 보세요. 아이는 수영장이 있는 펜션을 원하고 아빠는 서비스가 좋은 호텔에 가자고 한다면 두 사람의 의견을 듣고 어느 쪽이 더 좋은지 찬반 토론을 펼치는 것부터 시작해도 좋습니다.

주변에 가족 독서 토론을 정기적으로 꾸준히 실천하는 선생님이 있습니다. 아이가 초등학교 5학년일 때 시작해 중학교 2학년이 된 지금까지도 실천하고 있다고 합니다. 선생님은 아이의 사춘기에는 독서 토론을 어떻게 해야 할지 고민했었지만 걱정이 무색하게 아이는 가족 독서 토론에 계속 참여했다고 합니다. 오래된 가족 문화로 받아들이고 있기 때문이겠지요. 그 덕분에 가족 독서 토론 시간은 사춘기 아이와 마음의 문을 열고 대화하는 소통의 시간이 되었다고 합니다. 저 또한 이 선생님의 사례를 통해 제 아이가 고학년이 되면 반드시 가족 독서 토론을 해 보겠다고 결심했습니다.

가족 토론을 해 볼 만한 주제

- 여행 장소 정하기
- 외식 메뉴 정하기
- 반려동물 키우기 찬반 토론
- 스마트폰 게임, 유튜브 사용 시간
- 텔레비전 시청은 필요할까?

토론이 왜 좋은가요?

우연히 한 소설가가 진행하는 독서 토론 모임에 참여한 적이 있습니다. 모임에서 선정한 책은 단편소설이었는데, 만만하지 않은 작품이었습니다. 중의적인 글에 인물도 입체적이라 읽는 내내 불편했습니다. 토론 시간이 다가오자 습관대로 한 번 정독하고 참여하였습니다. 그날 저는 토론 시간 내내 소설가의 맹공에 눈만 껌벅거리다가 제대로 답변조차 못 하고 끝났습니다. 토론이 끝나고 무엇이 문제였는지 고민하게 되었습니다. 문제는 제가 책을 적극적으로 읽지 않았다는 것이었습니다. 책을 읽는 동안 어떠한 질문도 던지지 않았고 주인공이 한 말과 행동을 이해하기 위해 어떠한 노력도 하지 않았다는 것을 알았습니다.

그날 이후 저는 읽기 방식을 완전히 바꾸었습니다. 주인공이 한 말을 이렇게 저렇게 해석해 보고 주인공이 왜 그런 행동을 했는지 곱씹어 보고 행간의 의미를 마치 숨은 보물을 찾아내듯 묻고 또 묻는 읽기 방법으로 전환하였습니다. 토론에는 이런 힘이 있습니다. 독서 토론을 통해 책을 제대로 읽는 힘을 역으로 알게 되는 것입니다.

"책은 꼼꼼하게 읽는 거야!"

토론하기 전 이렇게 백 번을 이야기해도 아이가 깨닫지 못한다면, 메아리일 뿐이죠. 하지만 토론을 해 보면서 제대로 읽고 소화하지 않으면 내 의견은 전혀 울림이 없다는 것을 알게 된다면 다음에는 책을 더 꼼꼼하게 보게 됩니다.

6

똑똑한 미디어 생활: 5, 6학년

양날의 검이 되어 버린 스마트폰

"친구가 페이스북에 제 개인 정보를 올렸어요."

"SNS에서 누가 제 욕을 했어요."

"제가 싫다고 했는데도 '단톡방'에 계속 초대해요!"

스마트폰을 사용하는 아이들이 늘수록 이러한 문제도 늘고 있습니다. 《한경닷컴》의 〈10대 35.8% '스마트폰 중독 위험'… 채팅

창 범죄 주의해야〉라는 기사에 따르면 코로나19로 인한 비대면 수업 증가로 스마트폰에 중독된 아이들이 늘었으며 온라인 채팅을 매개로 한 범죄의 표적이 되고 있다고 합니다.

고학년 담임을 하다 보면 교실 내에서 발생하는 문제만큼이나 온라인에서 발생하는 문제도 많다는 것을 체감하게 됩니다. 온라인상에서 일어나는 문제는 교실 현장에서의 문제와 차이가 있습니다. 가해자가 명확하지 않다는 점, 익명성이 있다는 점, 문제가 걷잡을 수 없이 확산된다는 점에서 매우 위험하며 피해 학생의 정신적인 상처가 크다는 점이 그것입니다. 온라인 문제가 불거져 학부모 면담을 하는데 어런 반응이 나와 놀랐습니다.

"이런 일이 일어날 줄 전혀 몰랐습니다."

아이들 또한 "장난으로 그랬어요." "문제가 될 줄 몰랐어요."라고 하는 경우가 비일비재합니다.

이러한 경험을 하면서 저는 고학년 아이들에게 가상 공간에서 자기 삶에 책임지고 올바르게 살아갈 수 있도록 미디어 교육이 반드시 필요하다는 것을 절감하게 되었습니다.

아이들에게 스마트폰이 나쁜 것이기만 할까요? 스마트폰은 무궁무진하게 활용할 수 있습니다. 스마트폰을 통해 서로 협동하여 창의적인 결과물을 쉽게 만들어 내기도 합니다.

실제로 6학년 아이들에게 졸업 영상을 만들어 보자는 이야기를 꺼낸 적이 있습니다. 아이들은 열심히 대본을 짜고 영상 촬영을 하고 편집하고 음악까지 삽입해 능수능란하게 멋진 졸업식 영상을 만들었습니다. 또 한번은 아이 네 명이 한 팀이 되어 선정 도서를 읽고 독후 영상을 제작하는 프로젝트를 했습니다. 영상 제작이 낯선 아이도 있었고 능숙한 아이도 있었지만 서로 도우며 시너지 효과를 누렸습니다. 친구와 팀을 이루어 함께 영상을 만들면서 영상 제작에 새롭게 눈을 뜬 친구도 있었습니다. 아이들은 구글 문서를 스마트폰으로 공유하면서 협업 글쓰기를 하기도 하고, 음악 시간에는 작곡 애플리케이션을 활용해 곡을 만듭니다. 스텔라리움 앱을 활용해 계절별 별자리를 관찰하기도 합니다.

이렇듯 양날의 검인 스마트폰은 부모에게 매번 고민을 안겨 줍니다. 자녀에게 스마트폰을 덥석 사 줄 수도, 언제까지 안 사 줄 수도 없어 고민이 깊어집니다.

디지털 키즈가 스마트폰 세상 밖으로 나올 수 있도록

"우리 아이가 통제 앱을 뚫었네요."

"스마트폰 사용 시간을 두고 아들과 계속 싸워요. 이젠 제 말도 안 들어요."

고학년 자녀를 둔 학부모들의 스마트폰 전쟁은 사춘기의 반항과 더불어 더 치열해집니다. 스마트한 세상에 태어나 '디지털 키즈'로 자란 아이들은 소통 방식뿐만 아니라 지식을 찾는 방식도 부모 세대와 완전히 다릅니다. 아이들은 새로운 디지털 기기도 능숙하게 다룰 줄 알며 직감적으로 디지털 기술을 획득하기도 합니다. 우리 세대와 완전히 다른 이 아이들을 부모는 어떻게 이해해야 할까요?

무조건적인 통제가 스마트폰 사용 문제를 푸는 만능열쇠는 아닙니다. 스마트한 세상을 살아가는 아이들의 눈높이에서 다양한 열쇠로 문제를 풀어 가야 합니다.

① 자유로운 대화로 합의점을 찾아야 합니다

초등 고학년은 또래 지향성이 강하며 지적 이해 요구가 높아지는 시기입니다. 무엇이 옳고 그른지 따지고 비현실적인 말에 논리적인 생각으로 대응하기도 합니다. 그러니 이 시기에 "스마트폰은 무조건 안 돼."라며 결과만 통보해서는 안 됩니다. 아이와 대화하며 스마트폰 사용 규칙을 결정하는 과정이 중요합니다.

아이는 본인이 참여하여 결정한 규칙에는 순응합니다. 자기 설득 과정을 거친 결과이기 때문입니다. 반면 부모에 의한 강압적 통제에는 스스로 납득하고 내면화하는 과정이 없습니다. 그러니 겉으로만 통제에 순응하는 것처럼 보일 뿐입니다.

② 디지털 다이어트는 온 가족이 함께

"엄마는 왜 휴대폰 해?"

저녁 8시 이후에는 휴대폰 사용을 금지했더니 딸이 저에게 이렇게 물었습니다.

"엄마는 일도 하고 친구들이 밤늦게 연락도 하잖아!"

제 나름의 이유를 설명했지만 아이는 입을 삐죽거렸습니다. 그날부터 '밤 8시 이후에는 누구든 무조건 휴대폰 내려놓기'라는 규칙을 정했습니다.

매주 금요일을 '가족 독서의 날'로 정해 각자 휴대폰을 하면서 보내던 시간에 책을 읽거나, 디지털 세상과 완전히 차단하는 '디지털 디톡스의 날'을 정해 보아도 좋습니다. 아이의 미디어 사용 시간을 줄이는 데는 가족 모두의 동참이 가장 큰 동기 부여가 됩니다. 오늘부터 함께하는 작은 행동으로 큰 변화를 만들어 보시기 바랍니다.

③ 비(非)미디어를 경험하게 해야 합니다

5학년 아이를 키우는 학부모님이 아들의 친구들이 집에 놀러 왔는데 모두 휴대폰만 쳐다보며 각자 노는 모습을 보고 놀랐다는 이야기를 한 적이 있습니다. 그럴 거면 왜 친구 집에 놀러 왔는지 요즘 아이들을 이해할 수 없다는 이야기였습니다.

실제로 주변 놀이터에 나가 보면 아이들은 삼삼오오 모여 손에 든 휴대폰만 만지고 있습니다. '노는 방법을 모르는 아이들'이라는 말이 그냥 나온 것이 아님을 절감합니다.

"주말에 뭐 했니?"

제가 월요일마다 아이들에게 묻는 말입니다. 고학년일수록 "게임했어요." "유튜브 봤어요." "영화 봤어요."와 같은 대답을 주로 합니다. "친구랑 놀았어요." "자전거 탔어요." "책 읽었어요." 같은 대답은 좀처럼 듣기 어렵습니다.

이런 현실에 대해 《포노 사피엔스, 어떻게 키울 것인가》에서는 아이들이 스크린을 보는 시간이 점점 바깥 놀이나 자유 놀이로 보내는 시간을 대체하고 있다고 지적합니다. 또한 자유 놀이가 아동기의 자기 조절력 등에 중요한 영향을 미치는데 이런 자유 놀이가 점점 스크린에 점령당하고 있으니 아동 발달이 저해되는 것은 아닌지 우려합니다.

우리 아이들에게 휴대폰으로 노는 방법이 아닌 비(非)미디어 놀이를 많이 알려 줘야 합니다. 축구와 야구처럼 몸으로 놀기, 모노폴리, 할리갈리 등 보드게임으로 놀기, 스도쿠 같은 게임으로 머리를 쓰며 놀기 등 다양한 놀이를 하게 해야 합니다.

④ 비판적 사고력이 필요합니다

이 시기에 아이들은 옳고 그름을 판단하는 비판적 사고 능력이 형성됩니다. 그러므로 넘쳐 나는 정보를 비판적으로 수용하고 판단할 수 있도록 훈련해야 합니다. '가짜 뉴스'라는 말을 들어 보셨죠? 이 시기에 할 수 있는 가장 좋은 미디어 교육은 가짜 뉴스를 가려내는 능력을 키우는 교육입니다. 아이가 커 갈수록 부모는 아이가 보는 영상을 모두 체크하고 따라갈 수 없다는 것을 알게 됩니다. 이제는 아이 스스로 정보의 옥석을 가리고 보여 주는 대로 믿지 않는 비판적 역량을 갖춰야 현명하게 미디어를 감상하고 수용할 수 있습니다.

방법은 간단합니다. 아이와 어떤 정보를 접할 때 그것이 진실인지에 관해 이야기를 나누어 보는 것입니다. 이때 부모님은 가이드로서 가짜 뉴스를 가려내는 팁을 몇 가지 알고 있으면 좋습니다. 출처가 분명한지, 작성자는 누구인지, 작성자의 선입견은 없는지, 근거가 있는지 등을 따져 가며 알아보는 것입니다. 미디어 전문가들의 말을 종합해 보면 가정에서의 미디어 교육의 핵심은 결국 부모와의 대화와 소통입니다.

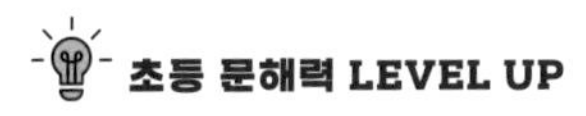

초등 문해력 LEVEL UP

국제 도서관 연맹에서 제시하는 가짜 뉴스 판별 가이드

· 출처 밝히기: 해당 뉴스 사이트의 목적이나 연락처 등을 확인

· 본문 읽어 보기: 제목은 관심 끌기 위해 선정적일 수 있는 만큼 전체 내용을 꼼꼼히 확인

· 작성자 확인하기: 작성자가 실존 인물인지, 어떤 이력을 가졌는지 등을 확인해 믿을 만한지 판별

· 근거 확인하기: 관련 정보가 뉴스를 실제로 뒷받침하는지 확인

· 날짜 확인하기: 오래된 뉴스를 재이용 또는 가공한 건 아닌지 확인

· 풍자 여부 확인하기: 뉴스가 너무 이상하다면 풍자성 글일 수 있음

· 선입견 점검하기: 자신의 믿음이 판단에 영향을 미치지 않았는지 판단

· 전문가에게 문의하기: 해당 분야 관련자나 팩트 체크 사이트 등에 확인

출처: 〈청소년을 위한 미디어 리터러시 실천·지도 매뉴얼〉(한국언론진흥재단, 2018)

초등 문해력 LEVEL UP

이 책 어때요?

자녀들의 스마트폰 중독, 게임 중독, SNS로 인한 문제, 사이버 폭력 등에 대한 고민이 있다면 이와 관련된 책을 읽고 이야기를 나누어 보세요. 책이 좋은 점은 누구나 이야기 속으로 들어가 체화할 수 있다는 점입니다. 내가 주인공이라면? 이런 상황이라면? 이렇게 상상하면서 간접 체험을 할 수 있습니다. 그래서 책을 통해 깨닫기도 하고 내 마음속 상처도 어루만질 수 있답니다.

1. 《휴대폰 전쟁》(로이스 페터슨, 고수미 옮김, 푸른숲주니어, 2013)
2. 《단톡방을 나갔습니다》(신은영, 소원나무, 2022)
3. 《유튜버 전쟁》(아르튀르 테노르, 김자연 옮김, 라임, 2021)
4. 《비상! 가짜 뉴스와의 전쟁》(상드라 라부카리, 권지현 옮김, 다림, 2022)
5. 《오늘부터 문자 파업》(토미 그린월드, 이정희 옮김, 책읽는곰, 2018)

초등 핵심 문해력 

한 페이지 요약

❶ 5, 6학년, 단단한 독서가로 만들기

- 5, 6학년 시기에는 단단한 독서가 필요합니다. 단단한 독서란 마음의 힘을 키워 주는 독서를 말합니다.
- 단단한 독서가가 되기 위해서는 우선 글을 잘 읽을 수 있어야 합니다. 또한 아이가 좋아하는 책 분야가 있어야 하며 읽기의 가치를 알아야 합니다.

❷ 고학년, 주제 독서가 필요한 시기

- 주제 독서란 자신이 좋아하는 주제에 관한 책을 여러 권 읽고, 자기만의 지식을 쌓아 올리는 것을 말하며 모티머 애들러의 신토피컬 독서 단계에 해당합니다.
- 주제 독서로 아이가 다양한 관심사에 집중할 수 있으며 공부의 진정한 의미를 알게 됩니다.
- 주제 독서를 잘 활용하는 방법으로는 주제 중심 독서 책장 만들기, 주제 독서에 관한 기록을 담은 포트폴리오 만들기, 책 너머 체험으로 확장하기가 있습니다.

❸ 초등 고학년은 논리적 글쓰기를 배우는 시기이다

- 초등 연령별 글쓰기 과업이 있습니다. 초 1, 2학년은 쓰기에 흥미를 갖는 단계이고 초 3, 4학년은 글쓰기 근육을 키우는 단계이며 5, 6학년은 논리적 글쓰기를 하는 단계입니다.
- 좋은 논설문 분석하기, 친구의 잘 쓴 글을 자주 살펴보기, 첨삭 받기, 모방하고 다시 쓰기 등의 논술 공부가 도움이 됩니다.

❹ 북 토크는 가장 자연스러운 독서법이다

- 미국의 독서 교육가 낸시 앳웰이 제시한 북 토크는 자신이 읽은 책 중 좋았던 책, 별로였던 책에 관해 이야기하는 것으로 아이 주도적인 독서 방법입니다.
- 가정에서도 아이와 함께 북 토크를 해 보세요. 아이와 자연스럽게 책에 대한 이야기를 나누면 됩니다.

❺ 5, 6학년 말하기 문해력: 토론의 힘

- 본격적인 토론 수업은 5학년부터 가능합니다. 토론은 스몰 토크부터 시작해 보세요.
- 독서 토론은 반박과 논거 준비 등을 위해 책을 꼼꼼하게 읽어야 한다는 점에서 읽기에도 도움을 줍니다.

❻ 똑똑한 미디어 생활: 5, 6학년

- 스마트폰은 양날의 검입니다. 스마트폰은 더 쉽고 재미난 교육 환경을 제공하지만 스마트폰 중독, 온라인 범죄 등에 노출되기도 쉽습니다.
- 스마트폰을 현명하게 다루도록 하기 위해서는 자유로운 대화로 합의점을 찾고, 온 가족이 함께 디지털 다이어트를 실시하며 비 미디어 경험을 제공해야 합니다.

(5장)

초등 핵심 문해력 완성 후 생각해 볼 것들

1

초등 핵심 문해력 외에 필요한 세 가지

앞서 살펴본 읽기, 쓰기, 말하기, 미디어 문해력은 모든 학습의 기초이자 기본입니다. 우리 몸으로 말하자면 뼈대에 해당하며 집짓기라면 주춧돌을 쌓아 올리는 것과 같습니다. 학습의 기초, 기본 쌓기는 초등학교에서 꼭 완성해야 하는 부분이지요. 하지만 학습만으로 아이 공부가 완성되는 것은 아닙니다. 아이 공부에 가장 밑바탕이 되는 교육, 즉 인성 교육이 있습니다.

《앞서가는 아이들은 어떻게 배우는가》(알렉스 비어드, 신동숙 옮김, 아날로그, 2019)의 저자는 21세기 교육이 나아가야 할 방향을 알아보고자 전 세계를 누비며 다방면의 사람들을 만나고 여러 연구소와 혁신적인 학교를 방문합니다. 이 책에서 저자는 21세기에 필요한 교육으로 몇 가지를 이야기하는데 그중 사회가 발달할수록 품성 교육은 더 중요하다고 지적하며 심지어 교육의 4분의 3 정도는 태도를 가르치는 데 투자해야 한다고 이야기합니다.

저는 학교에 몸담고 있으면서 수많은 학생을 만나 가르치고 졸업시켰습니다. 6학년 졸업식 날, 아이들을 바라보면서 스스로에게 이런 질문을 던진 적이 있습니다.

"초등 6년 동안 교과 공부 외에 필요한 것이 있다면 무엇일까?"

이 질문에 답을 찾기 위해 오랜 시간 동안 헤매었습니다. 영감을 주는 책이 있으면 사서 읽어 보고 책에서 제시한 내용이 우리나라 실정에 맞는지, 아이들에게 일반적으로 적용 가능할지 고민해 보았습니다. 미흡하지만 지금부터 제가 찾은 답을 이야기해 보려고 합니다. 이 답은 아이들을 가르치고 지도할 때 잊지 말아야 할 방향성이라고 생각합니다.

교과 공부 외에 필요한 것들 ① 회복 탄력성

회복 탄력성은 고난이나 역경이 있을 때 이겨 내는 긍정의 힘을 말합니다. 회복 탄력성이 필요한 이유는 아이들이 앞으로 겪을 변화와 관련이 있습니다.

"선생님, 중학교에 가니까 과목마다 선생님이 다 달라서 힘들어요."

"친구들이 너무 달라졌어요. 욕 안 하던 친구도 욕을 하고요."

"가야 될 학원이 더 늘어났어요. 주말에도 학원에 가야 해요."

어느 날, 중학교에 갓 입학한 제자들이 교실에 찾아와 이런 푸념을 늘어놓았습니다. 들어 보면 저도 다 겪었던 일이라 공감도 가고, 저렇게 푸념하는 친구들은 그래도 건강하다는 생각이 들었어요. 힘들어도 힘들다고 말하지 못하는 아이들에 비하면 말이죠.

중학교 1학년은 아이들에게 많은 변화를 예고합니다. 초등학교와 달리 과목마다 교과 선생님이 있습니다. 수업 시간도 40분에서 45분으로 늘어납니다. 2차 성징이 본격적으로 나타나고 이성과 외모에 관한 관심이 커집니다. 대한민국 학부모라면 다 아는 '중 2병'이 시작되는 때이기도 하고요.

중학생이 된 아이들은 초등학생 시절과 달라 혼란스러워 합니다. 성적에서 오는 좌절과 부정적인 피드백에 낙담하기도 합니다. 이런 낙담이 때로는 충동적인 행동으로 이어지기도 합니다.

《10대의 뇌》(프랜시스 젠슨·에이미 엘리스 넛, 김성훈 옮김, 웅진지식하우스, 2019)의 공저자인 젠슨은 **10대의 뇌는 놀라울 정도로 유연하고 성장력이 좋지만, 충동적이고 중독성이 강하다고 말합니다.** 보통 우리 뇌는 뒤쪽에서 앞쪽으로 발달하는데 이 앞쪽 뇌가 계획하고 통제하는 역할을 합니다. 10대의 뇌는 앞쪽 부분이 덜 발달한 상태라고 보면 됩니다. 그러니 10대에는 뇌 발달의 간극 때문에 일탈적이기도 하고 감정 기복도 심하고 '멍청한 행동'을 하기도 합니다.

핵심은 이러한 혼란한 상황에서 벌어지는 실수와 그로 인한 고통을 어떻게 받아들이느냐입니다. 만약 아이에게 이런 시련들이 닥친다면 어떻게 해야 할까요? 아마도 모든 부모님은 아이가 빨리 그 자리에서 털고 일어나 다시 앞으로 나아가기를 바랄 것입니다. 빨리 일어서기를 잘하는 아이들은 회복 탄력성이 높다고 말할 수 있습니다. 소위 '멘털'이 강한 아이죠. 부모님들은 아이가 회복 탄력성이 높은 아이로 성장하기를 바랍니다.

전문가들은 아이의 회복 탄력성을 높이기 위해서 감사 일기를 쓰게 하라, 부정적 정서를 없애라, 경쟁이 있는 운동을 통해 승리를 맛보게 하라 등의 조언을 합니다. 모두 맞는 말입니다. 여기에 한 가지 더 추가하자면 저는 이야기 체험을 통해 마음 근력을 키울 것을 제안합니다.

제가 초등 6년 동안 책 읽기를 강조하는 이유도 독서야말로 회복 탄력성을 키우는 좋은 방법이라고 생각하기 때문입니다. 아이들은 이야기 속 주인공이 운명처럼 다가온 고난을 어떻게 받아들이고 헤쳐 나가는지 지켜보면서 자연스럽게 '나라면 어떻게 했을까?'를 생각하게 됩니다. 고난을 슬기롭게 이겨 내는 성장 동화도 좋고, 운명의 굴레 앞에 무릎을 꿇은 주인공도 괜찮습니다. 그런 모습을 보면서 내 행동을 들여다볼 수 있지요. 이것은 이야기에서의 간접 경험 혹은 대리 경험이라고 할 수 있습니다. 주인공에게 감정 이입을 하고 공감하고 마지막에 통찰하게 되는 일련의 과정 자체가 나의 내면을 단단하게 해 주죠.

《플랜더스의 개》의 네로, 《안네의 일기》의 안네, 《나의 라임 오렌지 나무》의 제제, 《빨간 머리 앤》의 앤 등 우리가 잘 알고 있는 주인공의 삶을 보세요. 어디 하나 평범하지 않습니다. 《안네의 일기》를 예로 들어 보겠습니다. 실제 아이들과 함께 2개월에 걸쳐서 완독한 책인데, 그때의 경험을 잊을 수가 없습니다.

안네는 제2차 세계 대전이라는 엄청난 고통 속에서 일상을 살아 나가고 있었어요. 절망 속에서 희망을 잃지 않는 안네의 모습이 일기에 고스란히 담겨 있습니다. 안네는 아우슈비츠 수용소에 가게 됩니다. 실제 증언에 의하면, 안네는 수용소에서도 희망을 잃지 않고 언니와 함께 살아갔다고 해요. 하지만 언니가 죽자, 안네는 그동안 품었던 모든 희망을 버리고 며칠 뒤 병으로 죽게 됩니다. 안네가 죽고 한 달 후, 안네가 그토록 바랐던 전쟁은 종식되고 평범한 일상이 시작됩니다. 저는 아이들에게 《안네의 일기》를 들려주면서 전쟁의 아픔에 대해서 이야기하고, 마지막으로 희망을 품고 산다는 것이 얼마나 중요한지에 관해 이야기했습니다.

좋은 문학 작품은 아이들에게 살아가는 희망이 되고 메시지가 됩니다. 아이들에게 좋은 작품을 많이 접하고 읽도록 해야 하는 이유가 여기에 있죠. 아이들이 주인공의 삶을 들여다보며 거기서 우리의 삶을 반추하고 어떻게 살아가야 할지 해답을 얻을 수 있기 때문입니다.

교과 공부 외에 필요한 것들 ② 다양한 체험

앞서 10대 아이들의 뇌는 놀라운 성장과 발전을 한다고 했습니다. 그러니 아이들이 다양한 경험을 하는 것은 뇌의 자극 측면에서 꼭 필요합니다. 하지만 중학교에 들어가면 아이들에게 그럴 기회가 있을까요? 주변의 중학생들을 보면 학원 공부와 입시로 허덕이는 경우가 많습니다. 따라서 현실적으로 다양한 체험을 할 수 있는 시기는 초등학생 때라고 봅니다. 다양한 체험이라고 해서 어렵게 생각하지 마세요. 다양한 체험은 두 가지 측면에서 생각해 볼 수 있습니다.

하나는 아이가 좋아하는 것, 관심 있는 것에서부터 출발해 보는 것입니다. 아이가 곤충이나 동물에 관심이 많다면 동물원, 곤충 박물관, 생태 박물관 등을 찾아다니는 것부터 해 보세요. 반에 물고기를 좋아하는 한 아이가 있었습니다. 학명이 아주 긴 물고기 이름도 금방 말할 정도로 물고기 박사였습니다. 아이에게 물어보니 어릴 때부터 물고기 관련 박물관이나 전시관을 많이 다녔다고 합니다. 지식과 삶이 연계된 모습입니다.

다른 하나는 학교 수업과 체험을 이어 주는 것입니다. 초등 5학년 2학기가 되면 우리나라 역사 공부가 시작됩니다. 구석기, 신석기에서 6·25 전쟁까지 이어지는데 이때 아이와 함께 다양한 박물관과 유적지를 탐방한다면 어떨까요? 고인돌 유적지부터 근대 박물관까지 아이들이 배운 지식과 현장이 연결될 수 있다면 좋은 체험이 되리라 생각합니다.

교과 공부 외에 필요한 것들 ③ 학습 습관

《숙제의 힘》(로버트 프레스먼 외, 김준수 옮김, 다산라이프, 2015)에서는 8가지 학습 습관에 대해 말하고 있습니다. 이 책은 5만 명의 학부모가 참여한 역사상 최대 규모의 학습 습관 연구서입니다. 저는 이 책을 반복해서 읽었는데, 좋은 학습 습관이야말로 아이들에게 근사한 미래를 만들어 주는 원동력이라고 믿었기 때문입니다. 책에서 저자들이 말한 8가지 핵심 습관을 살펴보겠습니다.

① 미디어 사용 습관

② 숙제 습관

③ 시간 관리 습관

④ 목표 설정 습관

⑤ 효율적 대화 습관

⑥ 책임지는 습관

⑦ 집중하는 습관

⑧ 자립하는 습관

여기에 아이들에게 필요한 학습 습관이 모두 있습니다. 여러 분은 아이가 이 중에서 어떤 학습 습관을 갖추기를 바라나요? 우리 아이가 초등학교 시기 동안 꼭 갖추었으면 하는 습관은 무엇인지 곰곰이 생각해 보세요.

저는 8가지 학습 습관이 모두 필요하다고 생각합니다만 특히 시간 관리 습관이 필요하다고 보았습니다. 그래서 제 아이가 일곱 살 때부터 오늘 하루 해야 하는 일과 하고 싶은 일, 그날의 즐거운 일 한 가지를 적게 했습니다. 글을 모를 때는 거실에 있는 칠판에 그림으로 그리게 했습니다. 좀 더 커서는 노트에 해야 할 일 위주로 적게 하고 자기 전에 제대로 실천했는지 살피도록 했습니다.

학교에서 아이들을 지도할 때에도 시간 관리 능력을 키우는 데 중점을 두었습니다. 앞서 이야기했듯 반 아이들이 등교하면 반드시 1교시 전에 '하루 계획'이라는 노트에 해야 할 일 세 가지 정도를 적게 했습니다. 초반에는 아이들이 귀찮아하고 빼먹기도 했지만, 시간이 갈수록 아이들 스스로 잘 작성했습니다.

저는 아이들이 '시간의 주인'이 되기를 원합니다. 우리가 살아가는 지금 이 시대에는 시간을 빼앗는 유혹이 참 많기 때문입니다. 대중 매체, 유튜브, 게임, 스마트폰 등 시간을 잡아먹는 녀석들 말입니다. 이러한 유혹을 이겨 내는 힘은 스스로 시간 관리를 하는 습관에서 출발합니다.

2

리더, 기버,
드리머 되기

저는 아이든 어른이든 앞으로 내가 어떤 사람이 되어야 하는지를 생각해 본 사람과 그러지 않은 사람은 삶의 성취에 많은 차이가 난다고 생각합니다. '어떤 사람이 되고 싶니?'라는 질문에 답을 찾은 아이, 찾고자 하는 아이 들은 잦은 바람에도 흔들리지 않는 뿌리 깊은 나무로 성장하리라 믿습니다.

6학년 아이들이 졸업하는 날 "리더(reader), 기버(giver), 드리머(dreamer)가 되자."라는 이야기를 했습니다. 중학교 입학을 앞두고 아이들이 한번쯤 '나는 어떤 사람이 되어야 하나?'를 고민해 보기를 바라는 마음에서 나눈 이야기였습니다. 그때 아이들에게 들려준 이야기를 여기에서 나누고자 합니다. 혹시 자녀가 6학년이고 졸업을 앞두고 있다면 이 페이지만 살짝 보여 주셔도 좋습니다.

첫째, 리더가 되자

얘들아, 중학생이 되어 책을 읽는 것, 쉬울까? 쉽지 않을 거야. 아마 너희들은 많은 것을 하느라 책 읽기는 밀려날 거야. 학원 공부나 숙제를 한다는 이유로, 수행 평가 준비 때문에, 중간, 기말고사 시험 때문에 등 이유는 차고 넘치겠지? 아마 독서는 언제나 우선순위 밖일 거야. 낙담하지 마! 선생님은 대한민국 모든 중학생이 비슷한 상황일 거라 생각해. 그래서 말이야, 책 읽기의 목표를 이렇게 바꿔야 해.

'틈틈이 독서하기!'

심지어 이런 결심도 해야 해. 손에서 책을 놓지 않는 수불석권의 마음으로 읽겠다고. 그래야 틈나면 스마트폰 화면을 클릭하는 내 손안에 책이 들어올 수 있거든. 그만큼 읽을 수 있는 환경을 만들기가 어려워. 책보다 재미있는 게 얼마나 많니? 선생님도 너희들이랑 마찬가지야. 온갖 유혹을 떨쳐 내고 책을 읽어.

그럼 궁금하지? 왜 그렇게까지 하면서 책을 읽어야 할까? 책을 읽는다고 해서 뛰어난 사람이 되는 건 아니야. 하지만 그거 아니? 세계적으로 인정받고 존경받는 사람들 대다수가 책벌레였다는 거. 참 재미있지? 선생님이 너희에게 중학생이 되어 '리더(reader)'가 되라고 한 건 너희들이 살아가는 하루가 더 나아지길 바라서야. 독서만큼 우리를 성장시켜 줄 수 있는 '치트키'(게임을 클리어하기 쉽게 해 주는 명령어)도 없을걸. 만약 있다면 선생님에게 꼭 이야기해 줘.

이야기 속 주인공은 모두가 사건을 겪어. 작거나 굵직한 사건들 말이야. 어떤 사건은 놀랍도록 우리가 겪는 일상을 닮았고 어떤 사건은 너무나도 커서 감당하기 힘들지. 그런 이야기를 읽으면 내가 비슷한 일을 겪었을 때 어떻게 헤쳐 나가야 하는지, 어떤 마음으로 이겨 내야 하는지, 어떻게 버틸 수 있는지 알려 줘. 세상의 무엇이 미래의 내가 겪을지도 모를 일을 알려 주겠니? 우리는 책을 통해 힘든 일이 닥쳐도 이겨 낼 수 있는 맷집을 키우는 거야. 선생님이 너희들한테 일 년 동안 들려준 이야기를 생각해 봐! 그때 주인공들이 어떻게 했는지 말이야.

그런 책만 읽으라는 이야기는 아니야. 편하게 만화책도 보고 인기 있는 책도 보고 판타지도 보고 다양한 장르의 책을 읽어 봐.

종일 게임하면서 시간을 무력하게 보내는 것보다 낫잖아. 최근에 선생님이 어떤 도서관에 갔는데 거기에는 청소년 도서실이 따로 있더라. 참 멋졌어. 어른들이 나서서 만들어야 할 환경이야. 아, 너희 주변에는 그런 도서실이 없다고? 그런 핑계는 대지 마! 책을 안 읽는 방법은 100가지가 넘을 거야. 그러니 오늘부터 틈틈이 독서하기 전략으로 책 읽는 아이가 되기를 바라.

둘째, 기버가 되자

조금 어려운 책을 소개할게. 경영학 서적 중에 《기브 앤 테이크》(애덤 그랜트, 윤태준 옮김, 생각연구소, 2013)라는 책이 있어. 선생님이 아주 재미있게 읽은 책인데 이 책에서 사람은 크게 세 종류가 있다고 말해. 한번 들어 볼래?

세 종류의 사람은 기버, 매처(matcher), 테이커(taker)야. 기버는 자신의 이익보다 다른 사람을 먼저 생각하는 사람을 말해. 매처는 받는 만큼 주는 사람, 테이커는 주는 것보다 더 많은 것을 챙기려는 사람이야. 처음에는 말이야, 받는 사람인 테이커가 성공하는 것처럼 보인대. 하지만 성공의 사다리 맨 꼭대기에 올라간 자는 기버라는 연구 결과가 나와. 반전이지? 물론 주는 사람이 무조건 성공한다는 이야기는 아니야. 거절 못 하는 만만한 기버가 아니라, 혼자 사는 세상이 아니니 경쟁보다 협력의 마음으로 사는 기버가 되라는 뜻이야.

예전에 선생님이 소개한 그림책《내가 라면을 먹을 때》(하세가와 요시후미, 장지현 옮김, 고래이야기, 2019)를 기억하니? 같은 시대를 살아가는 아이들에 관한 이야기였잖아. 내가 라면을 먹을 때 누군가는 농사일을 해야 하고 빵을 팔아야 해. 심지어 땅에 쓰러진 아이도 있어. 똑같은 시간이지만 이렇게 달라. 그 시간에 주인공은 여전히 맛있는 라면을 먹고 있지. 이 그림책은 현재 나는 풍요롭게 살지만, 이 시간에 다른 아이는 전쟁과 같은 무서운 상황, 배고픈 상황에 맞서야 한다는 이야기를 담고 있어. 어때? 굉장히 깊은 뜻이 담겨 있지? 선생님은 너희들이 이 그림책의 깊은 뜻을 생각하면서 살기를 바라. 나만 잘살면 된다는 태도, 절대 손해 안 보고 살겠다는 태도를 버리고 가진 것을 나눌 줄 아는 청소년이 되기를, 그리고 그런 어른이 되기를 바라.

셋째, 드리머가 되자

드리머!

꿈꾸는 자에 관한 이야기야. 꿈이라니! 많이 자는 친구들이 벌떡 일어나서 좋아할 이야기 같지? 여기서 말하는 꿈은 자면서 꾸는 꿈이 아니라 우리가 꾸준히 걸어가야 하는 목표에 관한 거야. 선생님은 이 나이에도 꿈이 진짜 많은데 너희는 어때?

"꿈(목표)이 뭐야?"

선생님이 물으면 너희들은 이렇게 대답하곤 해.

"몰라요!"

그런 대답을 들을 때마다 머릿속으로 아주 넓은 바다에서 어디로 항해할지 몰라 떠도는 배를 상상해. 목표가 없는 삶이 꼭 그와 같거든. 선생님도 처음부터 어디로 가야 할지 알았던 건 아니야. 선생님도 가만히 떠 있기만 했던 배였고, 잘못 간 적도 있었는걸. 그런데 말이야, 꿈이 있으면 쉽게 포기가 안 된다는 걸 알았어. 아무리 어려운 일이 있어도 꿈이 있으니까 버티게 되더라. 꿈은 막강한 힘을 갖고 있어.

어디로 가야 하는지, 왜 가야 하는지, 무엇을 위해 가야 하는지 모른 채 파도에 휩쓸리고 부딪혀 부서질 것 같은 위험한 배가 아니라 꿈이 있어 당당하게 노 저어 가는 배, 드리머가 되기를 바라. 그래서 언젠가 너희가 꿈꾸는 너희만의 멋진 육지에 발을 딛고 살아가길 바라.

3

평생 공부의 시대를 살아가는 아이들

늘 배워야 한다

초, 중, 고, 대학까지 정규 교육이 배움의 끝이 아니라면 어떻게 해야 할까요? 언제, 어디서든 배워야 한다면 말입니다. 전문가에 따르면 미래에는 현재 우리가 종사하고 있는 많은 일자리가 사라진다고 합니다. 대부분 기계로 대체되거나 소멸할 것이며 한 사람당 평균 11개의 직업을 가질 수도 있다고 합니다. 이러한 변화에 적응하려면 '늘 배워야 하는' 평생 학습이 중요하다고 강조합니다. 평생 직장의 시대는 가고 평생 학습과 평생 직업만 남는 셈이죠. 이런 시대를 살아가는 부모라면 우리 아이에게 무엇을 주어야 할까요? 아이가 배움에 대한 열정과 호기심을 가질 수 있도록 격려하고 도와주어야 합니다. 이를 위해서는,

'자기가 좋아하는 일'을 찾아서 하게 하는 것!

그것이 핵심입니다. 우리는 좋아하는 것에는 열정을 보입니다. 학습된 무기력을 보이는 아이도 자신이 좋아하는 일에는 관심을 기울이고 온 마음을 쏟는 것을 보았습니다. 문제는 아이가 무엇을 좋아하는지를 모른다는 것입니다. 자신이 좋아하는 것을 찾아가는 여정은 하루만에, 한 달 안에 끝나는 단기적인 학습이 아닙니다. 자신을 관찰하고, 발견하고, 체험하고, 시도하고, 실패하며 알아 가는 긴 여정입니다. 이 여정 속에서 부모와 교사가 할 일은 '학습 환경 디자이너'가 되는 것입니다. 아이의 개성과 호기심이 발현될 수 있도록 그에 알맞은 물적, 인적, 사회적 환경을 구성하는 것이지요.

하나의 실험을 예로 들어 보겠습니다. 이 실험은 테드를 통해 알려졌습니다. 인도 교육학자인 수가타 미트라 교수는 인도 뉴델리 빈민가의 벽에 구멍을 파고 컴퓨터를 설치해 그곳 아이들

이 자유롭게 사용할 수 있도록 했습니다. 컴퓨터를 처음 본 아이들은 매우 혼란스러워하다가 나중에는 서로 조금씩 알게 된 내용을 공유함으로써 기초적인 컴퓨터 조작법을 습득하게 되고 이후 자유롭게 사용하게 됩니다.

이 실험을 통해 미트라 교수는 아이들은 스스로 배운다는 것을 발견하고 이를 '자기 조직적 학습'이라는 말로 정의합니다. 자기 조직적 학습 환경이란 자기 주도 학습과 비슷한 것으로, 아이 스스로 목표를 설정하고 주도적으로 학습해 가는 과정을 말합니다. 이는 앞으로 우리 교육이 나아가야 할 방향입니다.

늘 배워야 하는 시대가 오고 있습니다. 이 시대, 평생 학습자로서 아이가 엄격한 통제와 감독 아래에서 공부하는 것이 아니라 스스로 배움을 찾아 학습할 수 있도록 유도해야 합니다.

흥미와 자율성을 키우자

독서 교육에 열정을 갖고 아이들과 함께 프로젝트 수업을 1년간 진행한 적이 있습니다. 교사로서 열정이 가득했고 독서 프로그램 또한 좋다고 자부심을 느낀 터라 이 프로젝트는 성공하리라 예감했습니다. 한 달에 한 권씩 인물 이야기를 읽고 독후 활동으로 가치 카드를 만들며 그 인물이 지닌 미덕을 내면화하자는 목표로 만든 프로그램이었습니다. 저 나름대로 야심에 찬 활동이었는데 학년 말, 저는 이 프로그램이 실패했다는 것을 알았습니다. 아이들은 인물 이야기 책이라면 지겹다며 절레절레 고개를 흔들었고 책 읽기가 싫다는 아이들도 많았습니다. 그리고 몇 년 후 저는 이 프로그램이 왜 실패했는지 알게 되었습니다. 사람의 마음을 움직이는 동기를 무시했기 때문입니다. 흥미와 자율성! 그 두 가지를 간과한 결과였습니다.

학습 동기를 높이는 방법 중 '자율 결정감'이라는 것이 있습니다. 그에 관한 이론에 의하면 인간은 유능감, 관계성, 자율성에 관한 욕구를 가지고 있으며 그중 자율성을 행동 선택에 가장 중요한 부분으로 본다고 합니다. 학습자는 자신의 행동과 운명을 '자율적으로 선택할 수 있다'는 믿음이 있을 때 내적 학습 동기가 충족될 수 있어서 교육자는 학습자의 자율성을 무시해서는 안 됩니다. 아이의 학구열을 높이려면 흥미와 자율성을 고려해야 한다는 뜻입니다.

그럼 자율성을 어떻게 활용해야 할까요? 아이가 공부하기를 싫어할 때 부모는 그 마음을 이해하고 왜 공부가 필요한지 이야기하는 것부터 시작해야 합니다. 공부의 어려움을 알아 주고 공부해야 하는 이유를 함께 고민해 보는 것. 이런 과정을 통해 아이가 스스로 생각하고 선택할 시간을 만들어 주는 일이 필요합니다.

흥미도 마찬가지입니다. 아이의 흥미를 놓치지 말아야 합니다. 아이가 무언가에 관심을 가질 때를 노려야 합니다. 이 타이밍을 놓치지 말고 그것을 발견하게 되면 관련 내용을 탐색하고 연구할 수 있도록 해 줘야 합니다.

아이들의 흥미와 자율성을 무시했던 독서 교육 프로그램을 폐기한 뒤, 가장 먼저 했던 독서 교육은 재미난 책을 읽어 주는 활동이었습니다. 아이들은 가만히 두 귀를 열고 듣기만 하면 되니 부담감이 없었고 자연스럽게 책에 대한 호기심도 생겼습니다. 이는 세계적인 문호인 괴테의 어머니가 썼던 방법이기도 합니다. 괴테의 어머니는 밤마다 괴테에게 동화를 한 편씩 읽어 주고는 이야기의 결말을 들려주지 않고 괴테 스스로 상상해 보라고 했다고 합니다. 마찬가지로 저도 아이들에게 이야기의 발단, 전개 단계까지만 읽어 주고 나머지는 너희들이 읽어 보라고 이야기했더니 아이들은 이야기의 절정과 결말이 궁금해서 책을 읽을 수밖에 없었습니다.

아이가 부담 없이 할 수 있는 것부터 찾아보세요. 이것이 아이들의 흥미를 끄는 방법입니다. 어렵고 힘들면 안 하고 싶은 것이 우리 모두의 마음입니다. 아이가 책 읽기나 공부를 싫어한다면 아이가 가장 쉽고 편안하게 할 수 있는 방법을 찾아 시도해 보는 것입니다. 거기서 조금이라도 아이가 흥미를 보이는 것이 있다면 관심을 기울여서 잘할 수 있도록 격려해 주세요. 그것이 출발점이 되어 아이가 배움에 대한 열정, 배우고자 하는 욕구가 생길 수도 있습니다.

창직과 메이커의 시대

평생 공부의 시대라고 공부를 지식 암기나 지식 습득을 하는 것으로 볼 필요는 없습니다. 평생 교육의 시대를 조금 다른 시각으로 보아야 합니다. 옛날처럼 물통에 물을 채우는 교육이 아니라 물통의 크기를 키우는 역량 교육, 내 안에 있는 것을 끄집어내는 교육이 필요합니다. 그렇다면 이런 교육을 위해 아이에게 어떤 기회를 주어야 할까요?

"2030년이 되면 인류는 모든 것을 스스로 공급하게 되면서 물건이나 서비스가 거의 공짜가 된다. 그중에서도 의식주는 가장 먼저 무료가 된다. 옷은 셀프 클리닝이 되는 나노 천 덕분에 6개월에 한 번 정도 갈아입거나 셀룰로스로 3D 프린트해서 입는다. 집 역시 3D 프린터로 단 500만 원에 프린트해서 만든 집에 들어가서 산다. 사람들은 한 집에 계속 살지 않고 끊임없이 이동하면서 늘 새로운 집을 수시로 프린트한다. 집을 매매하지 않고 쓰다가 버리거나 재활용하며, 대부분은 공유해서 일주일 살다가 다른 사람에게 넘기고 다른 집으로 이동한다."

– 《메이커의 시대》(박영숙, 한국경제신문사, 2015) 중에서

예전에 읽었던 책 《메이커의 시대》의 일부입니다. 이 내용을 읽으면서도 사실 저는 실감이 나지 않았습니다. 하지만 이제는 변화가 일상인 사회, LTE급으로 변화하는 사회 속에서 특이점을 넘어서는 사회가 올 수도 있다는 생각이 듭니다. 또한 수많은 일자리가 사라지고 있는 지금, 미래 유망 직종을 예측하거나 특정 기업을 선호하는 것이 얼마나 위험한 일인지도 생각하게 되었습니다. 그렇다면 우리의 교육은 어떻게 미래의 직업인을 키워 나가야 할까요? 여기 좋은 대안 하나를 제시해 보고자 합니다.

좋은 대안이란 바로 '창직'입니다. 창직이란 스스로 직업을 창조하는 것입니다. 기사에 따르면 단순 노동직은 종말할 것이라고 합니다. 기계로 대체할 수 있기 때문입니다. 그런데 이제는 중간 관리직도 예외가 아니라고 합니다. 지시 사항과 정보를 아래로 전달하는 중간 관리직은 다양한 사회 연결망으로 인해 필요

없는 직급이 되고 있기 때문입니다. 세계경제포럼 보고서에 의하면 자동화로 인해 많은 일자리가 사라진다고 합니다. 평생 직장은 사라지고 평생 직업만 남게 되는 것입니다.

이러한 상황을 주도적으로 헤쳐 나가기 위해서 필요한 직업 마인드가 '창직'이라고 생각합니다. 자신이 좋아하는 일을 스스로 만드는 정신을 갖추는 것! 그것이 필요합니다. 이를 위해서는 다양한 실험 정신과 그 실험을 해 볼 수 있는 공간이 필요하죠. 이러한 상황에 주목한 많은 연구가는 그런 공간을 '학습 놀이터' '메이커 센터' '커뮤니티' '만들기 학교' 등 다양하게 명명하고 있습니다. 이제는 만들기의 시대이자 생각의 시대가 될 것입니다.

이러한 시대에는 아이들에게 손으로 만드는 즐거움을 알게 해야 합니다. 또한 창직에 필요한 가장 기본적인 성격인 도전 정신을 키울 수 있게 아이들에게 다양한 자기 주도적 성취 도구를 제공해야 합니다. 평생 배워야 살아남는 시대, 아이들이 핵심 문해력을 기본으로 하여 새롭게 갖춰야 할 능력은 무엇인지 끊임없는 고민이 필요합니다.

4

새로운 시대, 여전히 문해력이 힘이다

"미래 교육에는 어떤 것이 있을까요?"라는 질문에 어떤 답이 나올까요?

"코딩 교육이요."

"인공 지능 관련 교육이요."

"빅 데이터 전문 기술이나 사물 인터넷에 관한 교육이요."

이렇게 답하는 경우가 많습니다. 대부분 과학과 기술이 핵심인 교육입니다. 그런데 여기서 의외의 대답이 나옵니다.

"읽기와 쓰기요."

읽기와 쓰기는 셈하기와 더불어 가장 고전적인 교육인데 왜 미래 교육에 읽기와 쓰기를 말하는 걸까요? 최근에 이야기하고 있는 미래 교육에 관한 내용에서 그 답을 찾아보겠습니다.

전문가들이 말하는 미래 교육

해외의 주요 교육 동향을 엿볼 수 있는 'OECD 교육 2030'이라는 프로젝트가 있습니다. 복잡하고 변화가 심한 미래에 지금의 아이들이 도대체 어떤 지식과 기술을 가지고 어떠한 태도와 가치를 지닌 채 살아가야 하는지를 논하는 프로젝트입니다. 프로젝트의 최종 목적은 개인과 사회의 웰빙이며 이는 아이들이 자기 주변의 일에 관심을 갖고 책임감 있게 참여함으로써 가능하다고 봅니다. 아이들이 개인과 사회의 발전에 영향력을 미치고 성장하기 위해서는 그만한 능력이 있어야 하는데 그 능력을 역량이라고 말합니다.

그 역량을 쌓기 위해서는 문해력, 수리력, 디지털 활용 능력, 데이터 활용 능력 등이 필요합니다. 여기에서 문해력을 꼽는 이유는 문해력이 평생 변화의 시대를 살아가는 원동력이 되기 때문입니다. 읽기와 쓰기 같은 전통적 문해력은 여전히 미래에도 강력합니다. 앞으로 어떤 문해력이 등장할지는 모르겠지만 중요한 것은 새로운 문해력을 받아들이는 가장 기본적인 도구는 읽기와 쓰기라는 점입니다.

새로운 시대, 패스트 러너가 되자

미래학자들의 미래에 관한 전망은 다양합니다. 어떤 미래학자는 과학과 기술이 만들어 낸 명암에 관해 이야기합니다. 100세 시대에 대해 논하기도 하고, 지구 온난화로 인한 환경의 위기를 지적하기도 합니다. 미래라는 키워드 안에 담는 내용은 다 다르지만 이들이 모두 공감하고 있는 것은 변화가 일상인 사회가 된다는 점입니다. 눈이 휙휙 돌아가게 빨리 변화하는 사회, 우리 아이가 어른이 되었을 때는 그 변화 속도가 더 심하지 않을까요?

변화란 좋은 것만은 아닙니다. 변화에는 적응이 따르며, 적응 여부로 구분되기도 하니까요. 무엇이든 빨리 배우는 사람들이 있습니다. 이들을 가리켜 패스트 러너(fast learner)라고 부릅니다. 앞으로 올 변화의 시대에는 이러한 패스트 러너가 되는 것이 무척 중요합니다. 패스트 러너가 되기 위해서는 다음과 같은 자질을 갖추고 있어야 합니다.

- 열린 마음
- 도전 의식
- 실패에 대한 낮은 저항성
- 강한 호기심

또한 무엇이든 배우고자 하는 마음이 가장 중요하죠. 문해력과 이게 무슨 연관이 있을까요? 저는 많이 배우고 알수록 더 많이 배우고 더 많이 알 수 있다고 생각합니다. 문해력과 같은 기본 도구를 잘 갈고닦은 사람만이 더 나은 배움을 향해 갈 수 있습니다. 패스트 러너가 되는 것도 결국 기본적인 문해력이 바탕에 있어야 가능한 일입니다. 배워야 살아남는 시대를 살아가는 아이들이 수월하게 잘 배울 수 있도록 돕는 사람이 필요합니다. 그 사람이 바로 우리들, 부모와 교사입니다.

인공지능 시대도 결국 문해력이다

고도의 인지 능력이 요구되는 인간의 활동마저도 대체될 수 있는 인공지능 시대. 이 시대의 서막에 나타난 가장 놀라운 사건은 생성형 인공지능 챗봇인 '챗GPT'의 등장일 것입니다. 구글의 시대는 갔다는 자극적인 기사와 함께 등장한 챗GPT는 많은 사람의 관심을 받았습니다.

제가 챗GPT에게 한 첫 질문은 '문해력이란 무엇인가?'였습니다. 질문을 입력하고 얼마 지나지 않아 화면에 나타난 내용은 매우 충격적이었습니다. 제가 오랫동안 관련 책을 읽고 논문을 뒤져 가며 요약한 내용과 흡사했기 때문입니다. 검색의 시대, 스스로 책을 찾아 읽고 지식을 빌드업하는 시대가 저무는 느낌이었다고 할까요? 저는 호들갑을 떨며 주변 사람들에게 챗GPT가 대답한 문해력의 뜻을 보여 주었습니다.

"이거 봐! 챗GPT한테 문해력에 대해 물었더니 이렇게 대답을 했어! 놀랍지 않아?"

"그게 뭐?"

"읽어 봐도 무슨 말인지 모르겠는데?"

사람들의 반응은 제 예상과 너무나도 달랐습니다.

저는 곧 그 차이를 알 수 있었습니다. 문해력에 관한 배경 지식이 있는 사람과 그렇지 않은 사람의 차이이자 관심사의 차이기도 하지요. 그냥 지나칠 수도 있는 사소한 일이었지만 저는 여기서 두 가지 중요한 것을 깨달았습니다.

첫 번째는 결국 인공지능 시대에도 개인의 지적 호기심이 중요하다는 것입니다. 지적 호기심은 배움의 시작이며 곧 질문력에 영향을 줍니다. 질문할 게 없는 사람에게 챗GPT는 아무 소용이 없는 도구일 뿐입니다.

두 번째는 챗GPT가 답변하는 내용을 이해하고 받아들이는 태도와 방식입니다. 챗GPT의 답변이 아무리 훌륭하더라도 그것을 이해하지 못하면 소용없지요. 또 아직 기술 성장 단계인 챗GPT가 오류나 잘못된 정보를 토대로 부정확한 답변을 하는 경우도 있기 때문에 주어진 정보가 사실인지 아닌지 분석하는 능력이 매우 중요합니다. 따라서 주어진 글을 이해하고, 분석하고, 비판하는 능력은 인공지능 시대에도 여전히 유효합니다.

인공지능 시대에도 질문하는 능력과 글을 이해하는 능력이 매우 중요합니다. 이 두 능력은 독서와 글쓰기를 통해서 기를 수 있으며 생각하는 힘을 다져 줍니다. 인공지능 시대를 맞이하며 교사와 부모 들은 아이들에게 새로운 기술과 능력을 가르쳐야 한다는 불안감을 느끼기도 합니다. 하지만 교육의 본질은 결국 '생각하는 힘'입니다. 생각하는 힘은 도구만 잘 활용한다고 해서 길러지는 게 아닙니다. 깊이 읽고, 이해하고, 토론하는 등 다양한 사고 훈련을 통해 자라납니다. 인공지능 시대를 살아가는 우리 아이들에게 가장 필요한 것은 새로운 것이 아니라 지금 우리가 중요하다고 말하고 있는 것, 공부의 본질인 '문해력'입니다.

직접 읽고 추천하는 동화책

초등 1, 2학년

1. 《멀쩡한 이유정》, 유은실, 푸른숲, 2008

2. 《나도 편식할 거야》, 유은실, 사계절, 2011

3. 《거인이 제일 좋아하는 맛》, 오주영, 사계절, 2015

3. 《두근두근 캠핑카》, 류미정, 좋은책어린이, 2021

4. 《만복이네 떡집》, 김리리, 비룡소, 2022

5. 《말하는 일기장》, 신채연, 해와나무, 2014

6. 《개 사용 금지법》, 신채연, 잇츠북어린이, 2018

7. 《이상한 열쇠고리》, 오주영, 창비, 2009

8. 《제비꽃 마을의 사계절》, 오주영, 창비, 2018

9. 《개구리와 두꺼비는 친구》, 아놀드 로벨, 엄혜숙 옮김, 비룡소, 1996

10. 《개구리와 두꺼비가 함께》, 아놀드 로벨, 엄혜숙 옮김, 비룡소, 1996

11. 《한밤중 달빛 식당》, 이분희, 비룡소, 2018

12. 《삼백이의 칠일장》 1·2권, 천효정, 문학동네, 2014

13. 《꼬마 너구리 삼총사》, 이반디, 창비, 2010

14. 《금순이를 찾습니다》, 윤성은, 문학동네, 2021

15. 《쿵푸 아니고 똥푸》, 차영아, 문학동네, 2017

16. 《내 모자야》, 임선영, 창비, 2014

17. 《나만 그래요?》, 진희, 라임, 2019

18. 《노는 거라면 자다가도 벌떡》, 조지영, 창비, 2019

19. 《이야기 귀신과 도깨비》, 김지원, 잇츠북어린이, 2020

20. 《갑자기 악어 아빠》, 소연, 비룡소, 2021

21. 《편지 도둑》, 딸기, 마음이음, 2023

22. 《오늘부터 배프! 베프!》, 지안, 문학동네, 2021

23. 《비밀의 무게》, 심순, 창비, 2021

24. 《요술 고양이의 주문, 얌 야옹야옹 양》, 김민정, 문학과지성사, 2021

25. 《하다와 황천행 돈가스》, 김다노, 책읽는곰, 2021

26. 《목기린 씨, 타세요》, 이은정, 창비, 2014

27. 《깊은 밤 필통 안에서》, 길상효, 비룡소, 2021

28. 《재미나면 안 잡아먹지》, 강정연, 비룡소, 2010

29. 《황 반장 똥 반장 연애 반장》, 송언, 문학동네, 2012

30. 《수상한 아랫집의 비밀》, 딸기, 해와나무, 2023

초등 3, 4학년

1. 《프린들 주세요》, 앤드루 클레먼츠, 햇살과나무꾼 옮김, 사계절, 2001

2. 《소원을 들어 드립니다, 달떡연구소》, 이현아, 보리, 2021

3. 《건방이의 건방진 수련기》 1~5권, 천효정, 비룡소, 2018

4. 《보물섬의 비밀》, 유우석, 창비, 2015

5. 《귀신 은강이 재판을 청하오》, 신주선, 낮은산, 2018

6. 《인간만 골라골라 풀》, 최영희, 주니어김영사, 2017

7. 《아토믹스》 1·2권, 서진, 비룡소, 2020

8. 《복제인간 윤봉구》 1~5권, 임은하, 비룡소, 2021

9. 《소리 질러, 운동장》, 진형민, 창비, 2015

10. 《오늘도 개저녀기는 성균관에 간다》, 최영희, 푸른숲주니어, 2016

11. 《이 배는 지옥행》, 야마나카 히사시, 햇살과나무꾼 옮김, 2008

12. 《담벼락 신호》 김명선, 단비어린이, 2020

13. 《책의 미스터리 파일》 시리즈, 댄 그린버그, 박수현 옮김, 사파리, 2007~2009

14. 《화요일의 두꺼비》, 러셀 에릭슨, 햇살과나무꾼 옮김, 사계절, 2014

15. 《부풀어 용기 껌》, 정희용, 잇츠북어린이, 2021

16. 《나무 위의 아이들》, 구드룬 파우제방, 김경연 옮김, 비룡소, 1999

17. 《시간의 책장》, 김주현, 만만한책방, 2020

18. 《우리 반 채무 관계》, 김선정, 위즈덤하우스, 2021

19. 《우리 아파트 향기 도사》, 성주희, 함께자람(교학사), 2020

20. 《슈퍼 깜장 봉지》, 최영희, 푸른숲주니어, 2014

21. 《건방진 도도 군》, 강정연, 비룡소, 2007

22. 《말 안 하기 게임》, 앤드루 클레먼츠, 이원경 옮김, 비룡소, 2010

23. 《욕 좀 하는 이유나》, 류재향, 위즈덤하우스, 2019

24. 《단톡방을 나갔습니다》, 신은영, 소원나무, 2022

25. 《예의 없는 친구들을 대하는 슬기로운 말하기 사전》, 김원아, 사계절, 2022

29. 《최기봉을 찾아라!》, 김선정, 푸른책들, 2011

30. 《칠판에 딱 붙은 아이들》, 최은옥, 비룡소, 2015

초등 5, 6학년

1. 《서찰을 전하는 아이》, 한윤섭, 푸른숲주니어, 2011

2. 《503호 열차》, 허혜란, 샘터, 2016

3. 《오월의 달리기》, 김해원, 푸른숲주니어, 2013

4. 《검은 숲의 좀비 마을》, 최영희, 크레용하우스, 2019

5. 《너, 서연이 알아?》, 양지안, 라임, 2016

6. 《플레이 볼》, 이현, 한겨레아이들, 2016

7. 《미지의 파랑》, 차율이, 고릴라박스, 2019

8. 《묘지 공주》, 차율이, 고래가숨쉬는도서관, 2017

9. 《귀신 감독 탁풍운》, 최주혜, 비룡소, 2019

10. 《5번 레인》, 은소홀, 문학동네, 2020

11. 《여름이 반짝》, 김수빈, 문학동네, 2015

12. 《우주로 가는 계단》, 전수경, 창비, 2019

13. 《긴긴밤》, 루리, 문학동네, 2021

14. 《사랑이 훅》, 진형민, 창비, 2018

15. 《그 애가 나한테 사귀자고 했다》, 박현경, 그린북, 2022

16. 《아직은 단짝》, 김민정, 미래엔아이세움, 2022

17. 《한밤중 시골에서》, 김민정, 위즈덤하우스(스콜라), 2018

18. 《악플 전쟁》, 이규희, 별숲, 2022

19. 《푸른 사자 와니니》, 이현 , 창비, 2019

20. 《도둑맞은 김소연》, 박수영, 책읽는곰, 2020

21. 《우리는 돈 벌러 갑니다》, 진형민, 창비, 2016

22. 《노잣돈 갚기 프로젝트》, 김진희, 문학동네, 2015

23. 《시간 가게》, 이나영, 문학동네, 2013

24. 《빨강 연필》, 신수현, 비룡소, 2011

25. 《일곱 번째 노란 벤치》, 은영, 비룡소, 2021

26. 《바꿔》, 박상기, 비룡소, 2018

27. 《백제의 최후》, 박상기, 비룡소, 2022

28. 《한밤중 톰의 정원에서》, 필리퍼 피어스, 김석희 옮김, 시공주니어, 2018

29. 《아테나와 아레스》, 신현, 문학과지성사, 2021

30. 《임욱이 선생 승천 대작전》, 김영주, 사계절, 2013

읽기, 쓰기, 말하기, 미디어 문해력이 아이의 평생을 좌우한다
초등 공부의 본질, 문해력

초판 1쇄 인쇄 2023년 6월 30일
초판 1쇄 발행 2023년 7월 10일

지은이 김지원

대표 장선희 **총괄** 이영철
책임편집 한이슬 **교정교열** 김선아
기획편집 현미나, 정시아
책임디자인 김효숙 **디자인** 최아영
마케팅 최의범, 임지윤, 김현진, 이동희
경영관리 이지현

펴낸곳 서사원 **출판등록** 제2021-000194호
주소 서울시 영등포구 당산로 54길 11 상가 301호
전화 02-898-8778 **팩스** 02-6008-1673
이메일 cr@seosawon.com
네이버 포스트 post.naver.com/seosawon
페이스북 www.facebook.com/seosawon
인스타그램 www.instagram.com/seosawon

ISBN 979-11-6822-186-4 03590